세포부터
나일까?

생명과학과 자아 탐색

이고은 지음

언제부터
나일까?

창비

차 례

1부 나는 누구일까?

1. 내 몸의 주인은
누구일까?

'내 몸의 주인은 나지. 뭐 저런 이상한 질문이 다 있어?' 라고 생각하시나요? 아마 여러분 대부분은 "내 몸의 주인은 나."라고 대답할 거예요. 내 몸은 엄마나 아빠의 것도 아니고, 옛날처럼 노비나 노예로서 높은 계급의 주인에게 속한 것도 아니니까요. 모든 인간은 자기 신체에 대한 것은 자신이 결정할 권리가 있습니다. 이는 우리 인간들이 함께 지키기로 합의한 사회적 권리이지요.

그렇다면 생물학적으로는 어떨까요? 우리는 우리 신체를 우리 마음대로 할 수 있을까요?

다음을 읽고 지시하는 대로 한번 따라 해 보세요.

- 오른손을 들고, 넷째손가락만 구부립니다.
- 숨을 크게 들이마신 후, 30초간 숨을 내쉬지 않습니다.
- 껌을 입에 넣고 30초간 침이 나오지 않게 하면서 씹습니다.
- 의자에 편안히 기대앉아 30초간 심장을 움직이지 않습니다.
- 침대에 누워 두 다리가 1센티미터씩 자랄 만큼의 성장 호르몬을 만듭니다.

해 보셨나요? 내 의지대로 할 수 있는 것과 없는 것은 무엇인가요? 넷째손가락을 구부리거나 숨을 30초 정도 참는 것은 대체로 쉽게 할 수 있습니다. 그런데 껌을 씹을 때 침이 나오지 않게 하는 것은 어렵습니다. 심장을 움직이지 않게 하거

나, 성장 호르몬을 급격히 만들어 내는 일도 할 수 없죠. 왜일까요?

스스로 결정하고 행동하는 인간의 뇌

우리는 흔히 '내 몸은 뇌에서 내리는 명령에 따라 내 의지대로 움직일 수 있다.'라고 생각합니다. 내가 '걸어야지'라고 생각하면 내 다리가 움직이고, 내가 '집어야지'라고 생각하면 엄지와 검지가 맞닿으면서 작은 물건을 집지요. 이때의 뇌는 '대뇌'입니다. 우리 뇌는 크게 대뇌, 소뇌, 간뇌, 중간뇌, 뇌교, 연수의 여섯 부분으로 구성됩니다. 대뇌는 주변의 감각 정보를 종합하고 판단해서 팔과 다리 등의 근육을 움직이도록 명령합니다. 소뇌는 우리 몸의 균형을 유지하여 두발자전거 등을 탈 수 있게 만들어 주고요. 한편 간뇌는 호르몬을 만들고 체온과 수분량 등을 조절하는 역할을 해요. 중간뇌는 눈의 움직임을 조절하고, 연수는 호흡, 심장 박동, 소화 등을 조절하며, 뇌교는 이들 신호를 주고받는 통로가 되지요.

그런데 이 중에서 우리의 의지대로 움직일 수 있는 것은 '대뇌'뿐이에요. 그러므로 '내 몸은 뇌에서 내리는 명령에 따라 내 의지대로 움직일 수 있다.'라는 문장에서 '뇌'를 '대뇌'라고 고쳐야 과학적으로 올바른 표현이 됩니다. 연수는 우리의 의지와는 상관없이 침샘에서 침이 나오도록 하고 심장을 뛰게 하지요. 간뇌 또한 우리의 의지와 상관없이 성장 호르몬을 분비합니다.

그런데 그런 대뇌마저도 내 마음대로 할 수 있는가를 의심케 하는 연구 결과도 있어요. 2007년 독일의 존 딜런 헤인스 박사는 흥미로운 실험을 진행했습니다. 실험에 참여한 사람(피험자)은 아무 때나 2개의 버튼 중 하나를 누르기만 하면 되는 거였죠. 그리고 버튼을 누르기로 한 순간이 언제인지 알기 위해 그 순간 화면에서 깜박이는 알파벳을 기억하게 했습니다. 즉 "제가 버튼을 누를 때 화면에는 F가 지나갔어요."라고 하는 것이지요. 그동안 연구팀은 실시간으로 뇌를 촬영했습니다. 결과는 놀라웠습니다. 피험자의 뇌가 버튼을 누르겠다고 신호를 보낸 시각이 피험자가 스스로 결정을 내린 시각(화면의 알파벳을 기억한 시각)보다 최대 10초가량 앞섰기 때문입니다. 다시 말하면, 피험자가 버튼을 누르고 싶다고 본인이 의식하기 10초 전에 이미 이 사람의 대뇌는 둘 중 한 버튼을 누르라는 명령을 손가락에 보냈다는 것이지요. 이 결과를 바탕으로 연구팀은 우리의 의식이 의사 결정에 참여하지 않고 나중에 통보받는 것일지도 모른다는 파격적인 해석을 내놓기도 했습니다. 물론 의식과 무의식, 그리고 대뇌의 관계는 아직도 많은 과학자들이 밝혀내길 원하는 신비로운 영역이기도 해요.

호르몬이라는 지휘자

내 몸을 내 의지대로 모두 움직일 수 없는데도 아직 내가 내 몸의 주인이라고 생각하나요? 그럼 다른 예를 들어 볼게요. 최근 경찰청 통계에 따르면 청소년 폭력과 범죄가 계속 증가한다고 해요. 폭력을 쓰는 이유도 게임을 그만하라고 잔소리해서, 기분 나쁘게 쳐다봐서, 친구가 시켜서 등과 같은 이유도 있지만, 가장 충격적인 대목은 특별한 이유가 없는 경우도 많다는 것입니다. 청소년의 폭력성에는 다양한 사회적 또는 개인적 문제가 원인으로 작용하지만, 과학자들이 꼽은 생물학적인 이유는 바로 뇌에서 분비하는 신경 전달 물질인 '세로토닌의 결핍'입니다.

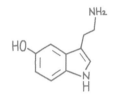

일명 '행복 호르몬'이라 불리는 세로토닌은 오케스트라의 지휘자에 비유할 수 있습니다. 뇌의 정신 활동과 각종 호르몬 분비에 영향을 끼쳐서 뇌 기능을 조율하기 때문이지요. 이러한 세로토닌은 햇볕에 노출되면 많이 분비되는데, 반대로 햇볕을 오랫동안 쬐지 않으면 그 분비량이 적어지기도 해요. 비 오는 날이나 한밤중에 쉽게 우울해지거나 흥분하는 이유도 바로 이 때문이지요. 안타깝게도 우리나라 청소년들은 과도한 학업 때문에 충분히 햇볕을 쬐며 살지 못하고 있어요. 게다가 입시와 경쟁으로 스트레스가 쌓이면서 세로토닌의 수치는 더욱 떨어집니다. 그뿐만 아니라 불규칙한 식생활, 공부나 게임을 하느라 줄어드는 운동량 등은 세로토닌의 분비를 더욱 저해합니다. 결국 내 몸의 오케스트라는 세로토닌이라는 지휘자를 잃게 되고, 그 결과 아드레날린이나 엔도르핀과 같은 호르몬을 적절히 분비하지 못해 쉽게 짜증을 내거나 욱하게 되는 것이지요.

그렇다면 스트레스가 쌓여서 우울해하고, 자제력을 잃어 친구와 싸우거나 예민해져서 부모님에게 소리 지르고 화풀

이했던 후회스러운 행동들이 오로지 나의 의지로 한 행동만
은 아닐 수 있겠네요? 호르몬 때문인 것 아닌가요?

유전자라는 매뉴얼

호르몬 말고도 우리 몸을 조종하는 후보는 또 있
어요. 이 녀석은 심지어 우리가 과식하고 자꾸 살
찌게 만드는 원인이기도 하지요. 누구냐고요? 바
로 유전자입니다. 이 녀석은 '본능'(유전자가 시킨
행동)을 통해서 우리에게 영향을 미치죠.

비만은 당뇨와 같은 각종 만성 질환을 일으키는 건강의 적
이지만, 국내 비만 환자는 매년 늘고 있습니다. 이는 우리가
식량이 부족한 환경에서도 살아남은 조상들의 후손이라서
지방을 넉넉히 저장하려는 유전자를 가지고 있기 때문입니
다. 수렵 및 채집 생활 당시, 인류는 늘 굶주림에 시달렸습니
다. 굶주림은 목숨을 앗아 갈 수 있는 위협이 되기 때문에 어
쩌다 음식을 얻으면 과식을 해서라도 최대한 열량을 지방으
로 축적해야만 다음번 식량을 구할 때까지 생존할 수 있었지
요. 1800년대 아메리카 원주민은 사냥감이 풍부하게 잡힌 날

에는 한 사람당 무려 4킬로그램의 고기를 먹었다고 합니다. 하루에 12,000킬로칼로리 넘는 열량을 섭취한 것이죠. 이는 특별한 게 아니라 일반적인 일이었습니다. 즉, 과식은 생존을 위한 본능이라는 뜻입니다.

현대인들의 유전자에도 여전히 이러한 본능이 남아 있습니다. 그러나 가공식품과 기름진 조리법이 늘어난 현대의 음식은 과거보다 열량이 높아서 같은 양을 먹어도 더 많은 열량을 섭취하게 됩니다. 반대로 사람들의 활동량은 갈수록 줄어서 과거와 비교해 소모되는 열량은 낮지요. 이 상태에서 단시간에 체중을 줄이려고 음식을 적게 먹으면 우리 몸은 입맛을 돋우는 호르몬들을 만들기 시작합니다. 결국 식욕과 열량 축적의 본능이 우리를 비만과 당뇨로 이끄는 것이죠. 다이어트는 과도하게 열량을 축적하려는 유전자와 다투는 일이기 때문에 어려울 수밖에 없습니다.

우리는 의지나 기분에 따라 과식을 하는 것으로 생각하지만, 나의 본능과 유전자가 배후에서 나를 조종하는 것일 수도 있다는 말이지요.

세균에 점령당한 나의 몸

이번에는 뇌나 호르몬, 유전자와 달리 처음에는 우리 몸에 없던 녀석들에 대해서 이야기해 볼게요. 바로 세균입니다. 눈에 보이지는 않지만 우리 몸에는 수많은 세균이 살고 있어요. 그 숫자는 정확히 알아내기 어렵지만, 과학자들은 39조에서 100조 마리 사이라고 추정하고 있습니다. 이는 약 30조 개에 이르는 우리 몸 전체의 세포 수보다 많지요.

이들 미생물은 우리 몸 안에 살면서 우리가 소화하지 못하는 영양소를 대신 분해해 주고, 우리가 만들지 못하는 비타민을 만들어 주며, 우리 몸 안의 신호 물질을 만들기도 합니다. 또한 장내 미생물은 몸의 면역력을 좌우한다고도 알려져 있

습니다. 미생물이 신호를 쏘아 올리면 우리 몸의 면역 시스템이 깨어나서 병원체를 파괴하는 면역 세포들을 대량 생산하지요. 그 결과 장내 미생물은 장 질환은 물론 혈관 질환, 천식, 알레르기 질환에도 영향을 미칠 수 있다고 해요. 심지

어 장내 미생물이 뇌에도 영향을 준다는 연구 결과가 있어요. 2016년 미국의 베일러 의대 연구팀은 자폐 행동을 보이는 쥐의 몸에 건강한 쥐의 배설물을 넣었더니 자폐 행동이 완화됐다고 보고했지요. 장 속에 사는 미생물이 호르몬 분비와 신경계에도 영향을 끼칠 수 있다는 말이지요. 그러므로 이런 미생물들이 크게 줄어들거나 없어지면 우리 몸이 제대로 기능하지 못할 수 있습니다.

그런데 우리가 엄마 배 속에 있었을 때는 우리 몸에 세균이 없었어요. 말 그대로 '무균 상태'였지요. 그때는 병원체가 침입해도 엄마의 면역 세포가 대신 싸워 주고, 영양분도 엄마가 탯줄을 통해 전달해 주었기 때문에 괜찮았어요. 하지만 우리가 태어나서 엄마가 모든 걸 대신해 줄 수 없으면 어떡하나요? 다행히도 우리가 자궁을 벗어나 질을 통과하는 과정에서 엄마의 몸에 있던 유익한 세균 일부가 우리 몸으로 옮겨 오게 됩니다. 유익균들은 엄마의 몸에서 하던 대로 내 몸에서 소화, 면역, 신호 전달 등 여러 기능을 맡지요.

이렇듯 우리가 건강한 생활을 하기 위해서는 미생물의 도움이 필수임을 알 수 있습니다. 그런데 도움받는 미생물의 수가 우리 몸을 이루는 세포의 개수보다 훨씬 많다면, 과연 누가 우리 몸의 주인이라고 해야 할까요?

내 몸의 진정한 주인

이렇게 보니 내 몸은 아주 크지만 '의식적으로 생각하고 행동하는 나'는 참 작은 것 같습니다. 큰 몸에 들어앉은 작은 내가 보살핌을 받는 것 같기도 하고요. 물론 앞서 살펴본 다양한 후보들은 우리에게 엄청난 영향을 끼치는 녀석들임에는 틀림이 없어요. 그래도 내 몸의 주인은 나 자신이 되어야 해요. 내가 느끼는 모든 감각부터 팔다리, 모든 신체 부위에 이르기까지 '나'를 구성하는 모든 것이 모여서 자아가 되기 때문이죠.

휘발유가 연소되면서 에너지로 바뀌고 자동차의 엔진이 그 에너지를 기계적인 힘으로 바꿔서 자동차가 움직인다고 해도, 무선으로 자동차의 시동을 걸고 심지어 자율 주행을 한다고 해도, 자동차의 목적지를 설정하고 주행 여부를 결정짓는 것은 사람이 하는 일이지요. 마찬가지로 아무리 뇌가 우리를 조절하고, 호르몬이 신체 기능에 영향을 주고, 유전자와 본능이 행동을 결정하고, 심지어 공생하는 미생물들이 필수적인 신체 기능 일부를 대신해 준다고 하더라도 내 인생의 목표를 설정하고 내가 어떤 사람이 될지 결정짓는 것은 내 자아만이 할 수 있는 일입니다.

2. 언제부터 내가 나일까?

여러분은 한 인간의 시작이 언제부터라고 생각하나요? 나는 언제부터 '나'로 존재하기 시작한 것일까요? 당연히 '태어났을 때부터' 혹은 '엄마 배 속에 있을 때부터'라고 생각했는데, 이렇게 물어보니 알쏭달쏭하다고요? 사실 이 문제는 사회적으로도 논란이 되고 있고 아직도 해결되지 않은 문제입니다. "한 인간은 언제부터 인간인가?"라는 질문에 대해 어쩌면 인간은 사회적인 약속으로만 이 문제를 해결한 척할뿐, 본질적으로는 이 문제를 해결할 수 없을지도 몰라요. 나의 시작을 언제부터라고 할지 누구도 결정할 수 없기 때문이죠. 이 문제는 언제부터 사람의 인권을 인정할 것인가, 혹은 어느 시점까지 임신 중단을 허용할 것인가 하는 문제와 닿아 있습니다. 우리나라뿐만이 아니라 전 세계에서 이에 대한 치열한 논쟁이 펼쳐지고 있죠.

정자와 난자부터?

우선 인간의 시작을 아빠의 정자, 혹은 엄마의 난자라고 생각해 볼까요? 동물의 정자는 일생에 걸쳐 생산됩니다. 인간의 고환(정소)에서 정자가 만들어져 성숙한 정자가 되기까지는 약 74일이 걸립니다.* 그러니까 '아빠의 정자일 때부터' 내가 나로서 존재했다고 말한다면 수정되기 약 3달 전부터도 내가 존재했다는 뜻이 됩니다.**

한편, 난자는 신기하게도 태아기에만 생성되며 추가로 만들어지지 않는 세포입니다. 즉, 엄마가 태어날 때 엄마의 몸

---

* 정자는 고환에 있는 세정관이라는 기관에서 만들어집니다. 세정관 속에서 정자는 정원세포에서 분열을 시작해 제1정모세포, 제2정모세포, 정세포가 거쳐 머리가 응축되고 꼬리가 생기는 과정을 거쳐 마침내 성숙한 정자가 되는데, 이 과정이 약 74일 소요됩니다.

** 고환에서 만들어진 정자가 정관을 이동해 외부로 나오기까지는 10~14일이 걸립니다. 그러므로 정자가 만들어져서 나오는 기간을 다 합쳐서 대략 3개월이라 할 수 있습니다.

속에는 나중에 난자가 되기 위해 분열 중인 세포가 일정한 개수만큼 이미 있었던 것이죠. 그러니까 '엄마의 난자일 때부터' 내가 나로서 존재했다고 본다면 여러분은 여러분의 엄마와 동시에 태어났다는 의미일 수도 있지요. 그러니 아빠의 정자나 엄마의 난자를 나의 시작이라고 보기에는 무리가 있습니다.

수정란과 세포 분열부터?

그렇다면 엄마의 난자와 아빠의 정자가 만난 수정란부터라고 하는 건 어떨까요? 난자는 지름이 0.2밀리미터에 불과하지만, 세포치고는 대단히 큰 편입니다. 난자의 내부에는 리보솜, 골지체, 중심체, 소포체, 미토콘드리아 등 생명 활동을 하기 위한 세포 소기관들이 모두 들어 있어요. 이 난자 속으로 정자의 핵이 들어와서 난자와 정자의 핵이 융합하면 온전한 한 개의 세포가 되지요. 우리는 그것을 '수정란'이라고 불러요. 우리 모두 이처럼 한 개의 세포에서 시작해서 자라났지요. 그리고 어느 순간 내가 됩니다. 언제일까요?

예를 들어서 설명해 볼게요. 엄마의 800만 원과 아빠의 200만 원을 합쳐 엄마 이름의 예금 통장을 만들었다고 해 보지요. 처음 개설할 때는 통장에 1,000만 원이 있었겠죠. 시간이 지나서 이자가 붙고 총금액이 2,000만 원이 되었다고 가정해 볼게요. 그럼 이제 이 예금은 누구 것일까요? 엄마의 이름으로 만든 통장이니 모두 엄마의 것일까요? 아니면 투자한 비율을 따져서 1,600만 원은 엄마 것, 400만 원은 아빠 것이라고 하면 될까요?

여기서 통장을 개설할 때의 800만 원은 '엄마의 난자'에, 200만 원은 '아빠의 정자'에 해당해요. 정자와 난자가 만나서 한 개의 세포인 수정란이 되는 과정에서 난자는 모든 유전 물질과 모든 세포 소기관을 제공하는데, 반면 정자는 핵 속의 유전 물질만 제공하기 때문에 대략 80 대 20으로 계산해 봤어요. 물론 그 중요도가 80 대 20이라는 의미는 아니에요.

두 사람의 돈을 합쳐 1,000만 원짜리 예금 통장을 만든 상태를 난자와 정자가 만나 '수정란'이 된 상태라고 볼 수 있을 거예요. 그런데 이자가 1,000만 원이나 생겼네요? 마찬가지로 수정란은 수정 이후 약 1주일 동안 8번 분열하면서 수많은 세포로 구성된 배아가 되고, 자궁벽을 뚫고 들어가 자리를 잡아요. 이 과정을 우리는 임신이라고 부르지요. 이후로도 배아는 계속 분열하여 뇌와 심장은 물론 팔과 다리도 만들어 낼 거예요. 분명 한 개의 세포였지만 이제는 수없이 많은 세포가 되었으니 이자가 붙은 것에 비유해도 좋겠지요.

그런데 어느 순간, 이 예금 통장의 주인이 바뀌었어요. 통장에 엄마 이름 대신 내 이름이 적히게 된 것이죠! 그럼 통장에 들어 있는 돈은 이제 내 것으로 인정받게 되지요. 물론 나는 한 푼도 투자한 게 없지만 말이에요. 그게 지금 우리 상황이에요. 엄마의 난자와 아빠의 정자가 만나서 단 한 개의 세포가 만들어졌고, 그 세포가 분열해서 약 30조 개의 세포로 된 몸이 완성됐는데, 그 몸이 엄마의 소유도 아빠의 소유도 아니고 나의 소유라고 인정받고 있지요. 도대체 통장의 명의가 언제 엄마의 이름에서 내 이름으로 바뀐 것일까요? 즉, 언제부터 내 몸이 내 것이 된 걸까요?

심장이 뛰는 순간부터?

어떤 이들은 심장이 뛰기 시작할 때부터 한 인간으로 보아야 한다고 말합니다. 대략 임신 6주부터는 초음파 검사를 통해서 아기의 심장 뛰는 모습을 보고 소리도 들을 수 있어요. 우리나라에서는 일반적으로 심장 소리가 확인되면 산부인과에서 임신 확인서를 발급해 줘요. 그때부터 단축 근무나 진료비 지원 등 임신과 관련된 제도적 지원을 받을 수 있지요.

이와 관련하여 지난 2021년 9월, 미국 텍사스 주에서는 태아의 심장 박동 소리를 확인할 수 있는 임신 6주부터는 임신 중단을 금지한다는 이른바 '심장 박동법'이 등장했습니다.

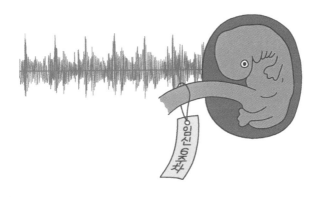

하지만 임신 6주가 돼도 자신이 임신했는지 알아채지 못하는 경우가 많기 때문에 이 법이 사실상 임신 중단을 금지한 것이라는 의견이 있어요. 또한 성폭행 등에 의한 임신에도 이 법이 예외 없이 적용되는 것은 무리가 있다는 의견도 있고, 여러 면에서 사회적 논란이 되고 있지요.

임신 후 3개월이 지나면 심장은 온전한 형태를 갖추게 됩니다. 이때부터 나의 심장이 박동하면서 온몸에 피가 돌게 합니다. 배 속의 아기, 즉 태아는 임신 10주까지 대부분 장기와 뼈를 만듭니다. 임신 10주부터는 태아의 DNA 선별 검사 등 각종 태아 검사가 가능한 시기이기도 하지요. 미국, 프랑스,

독일, 이탈리아 등에서도 임신 중단의 허용 기간을 태아가 스스로 생각하거나 자아를 인식하지 못하는 상태인 임신 12주로 규정하고 있어요. 그러므로 이들 나라에서는 임신 12주가 지나면 내 몸을 내 것이라고 법적으로 존중해 준다는 뜻이죠.

뇌가 깨어나는 순간부터?

한 생명의 시작을 뇌를 기준으로 해야 한다는 의견도 있습니다. 태아의 뇌는 20주가 되면 뇌파가 나오고 통증을 느낀다는 견해가 있습니다. 이 때문에 일부 과학자들은 이때부터 태아를 의식을 지닌 인간으로 보아야 한다고 주장합니다. 일반적으로 25주가 지나면 뇌는 안정적인 뇌파를 발산하고, 그래서 과학자 대부분은 이때부터 태아가 의식을 지니고 있다고 봅니다. 그즈음이면 태아는 엄마 배 바깥의 소리도 들을 수 있다고 해요. 임신 20주 전후가 되면 귀의 기능이 완성되고, 자극이 뇌에도 전달되거든요. 임신부가 태아에게 말을 거는 것 외에도, 평소에 말하는 이야기는 모두 태아에게 전달됩니다. 2013년에 핀란드 연구팀은 배 속의 태아에게 낱말 소리를 구분해 배우는 능력이 있다는 연구 결과를 발표하기도 했어요. 그래서 아이를 가진 부모들은 아이에게 종종 말을 걸거나 음악을 들으면서 태아의 발달을 돕는 태교를 하지요.

의학이 발달하면서 일찍 태어난 아기가 생존할 확률이 높아지는 것도, "한 인간은 언제부터 인간인가?"라는 질문에 대한 대답을 더 복잡하게 만듭니다. 세계보건기구(WHO)는 태아의 생존 능력을 임신 22주 이상, 체중 500그램 이상으로 정의하고 있습니다. 이 정도 기준은 만족해야 태어나도 살아남을 수 있다는 뜻이지요. 태아는 엄마 배 속에서 보통 40주 정도 자연스럽게 성장 발달하고, 평균 3.3킬로그램의 몸무게로 태어납니다. 너무 일찍 태어나면 태아의 폐나 심장이 완전히 성숙하지 못해 위험할 수 있지요. 그러나 WHO가 제시한 기준은 의학적으로 깨진 지 이미 오래입니다. 국내에서도 해외에서도 임신 22주차 이내, 체중 500그램 이하로 태어난 신생아가 생존한 사례가 종종 발표되고 있기 때문이지요.

태아의 심장과 뇌의 발달 과정에 따라 언제부터 태아를 한 명의 인간으로 볼 것인가는 여전히 사회적으로 논쟁 중입니다. 그러나 이것은 언제부터 인간에게 법적으로 생명권을 부여하고, 다른 사회 구성원들이 태아를 언제부터 본인들과 같은 인간으로 존중할지를 합의하는 굉장히 중요한 문제입니다. 생명의 시작에 대한 논쟁은 의학이 발전하면서 앞으로 더욱 치열해질 것입니다.

3. 어디까지 바뀌어도
내가 나일까?

'언제부터인가'에 대해 물었으니 '어디까지인가'에 대해서도 탐구해 볼까 해요. 여러분의 자아는 몸 어디에 자리 잡고 있나요? '자아'란 쉽게 말해 내가 나임을 인식하는 것을 말합니다. 그런데 우리는 우리 몸 안에서 내가 어디에 있는지 정확하게 말하기 어렵습니다. 직관적으로 코와 양쪽 눈 뒤의 어딘가에 있지 않을까 하고 짐작하는 정도지요. 두 눈을 통해 주변이 바로 바로 보이고, 냄새도 코 뒤 어딘가에서 맡아지는 것 같으니까요. 최소한 내 자아가 손바닥이나 발바닥에 있다고 생각하기는 어렵겠지요. 그렇다면 우리의 얼굴 어딘가에, 뇌 어딘가에 우리 자아가 있는 건 아닐까요?

얼굴을 이식하면 그것은 나일까?

2004년 얼굴 중앙 부분이 함몰되는 중상을 입은 미국의 42세 여성 코니 컬프는 2008년 안면 이식 수술을 받게 됩니다. 당시 의료팀은 뇌사자의 얼굴 피부와 혈관, 신경, 근육, 뼈를 컬프에게 이식했고, 이후 컬프는 선물과 같은 제2의 삶을 살게 되었죠. 물론 피부 조직의 이식 부작용을 방지하기 위해 평생 면역 약을 먹어야 했지만요. 이러한 컬프의 얼굴 이식 수술은 세계에서 네 번째로 이뤄졌지만, 얼굴의 80퍼센트를 교체하는 사실상 세계 최초의 전체 안면 이식 수술로 평가받고 있어요.

그런데 얼굴 전체가 바뀐 후 컬프는 자기를 누구라고 생각했을까요? 그는 자신이 코니 컬프 본인임을 명확하게 인지하고 자신에게 생긴 새로운 얼굴에 감사하며 몇 차례 미디어에 출연하여 장기 기증을 적극적으로 옹호하기도 했습니다. 한편 2005년 개에게 얼굴을 물려 안면 이식 수술을 받은 프랑스의 이자벨 디누아르는 자신의 원래 얼굴과 기증자의 얼굴이 뒤섞인 모습에 혼란스러움을 느낀다며 복잡한 심경을 밝히기도 했어요.

왜 이런 일이 일어났을까요? 얼굴은 한 사람의 정체성을 대표하는 부위이기 때문입니다. 그러니까 다른 사람의 얼굴을 이식받은 사람이 '나는 누구인가' 하는 정체성의 혼란을 느끼는 게 어쩌면 자연스러운 현상일 수도 있다는 말이에요. 하지만 정체성에 혼란을 겪더라도, 얼굴을 이식받는 것만으로 내가 다른 사람이 되지 않는다는 사실은 알 수 있습니다.

뇌를 이식하면 그것은 나일까?

그럼 내 심장과 내 뇌가 있으면 나인 걸까요? 심장 이식 수술의 경우를 생각해 봅시다. 심장을 기증받은 사람은 기증자와 그 가족에게 고마움을 표현할 뿐, 심장을 준 사람의 습관이나 말투, 행동 그 어떤 것도 공유하거나 따라 하지 않지요.

뇌는 어떨까요? 우리는 보통 인간의 지능, 성격, 자의식, 또는 영혼을 포함한 모든 게 뇌에 들어 있다고 말하잖아요. 팔을 다친 사람이 "여기가 어디인가요?" 하고 묻는 경우는 없지만, 머리를 다친 환자가 "내가 누군지 모르겠어요."라고 말하는 경우는 흔하니까요. 그저 우리의 뇌 속에 자아 인식이나 의식이 있겠거니 하고 추측할 뿐이죠. 그렇다면 미래에 뇌 이

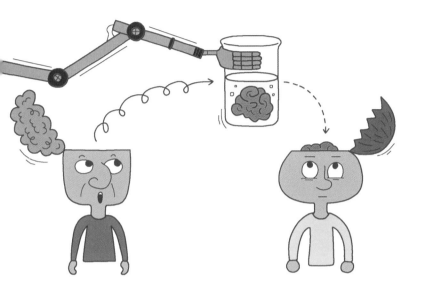

식 수술이 가능해진다면 뇌가 바뀐 사람을 두고 뇌의 주인이 '나'라고 할까요, 몸의 주인이 '나'라고 할까요? 뇌의 주인일 거라고요? 너무도 당연하게 생각하는 이 가설은 단 한 번도 완벽하게 증명된 적이 없습니다.

그런데 이 상상을 실제로 옮기려고 시도한 사례가 있습니다. 2015년 이탈리아 신경외과 의사 세르지오 카나베로 박사는 희귀병을 앓는 러시아의 컴퓨터 프로그래머 발레리 스피리도노프의 머리를 신원이 알려지지 않은 건강한 신체 기증자의 몸에 통째로 이식하겠다는 계획을 발표했지요. 너무 허무맹랑한 것 아니냐고요? 이는 앞서 쥐, 원숭이, 개에게 뇌 이식 수술을 했던 역사가 있어서 가능했던 시도였어요. 그중 가장 성공적이었던 실험은 1970년대 미국에서 원숭이를 대상으로 했던 뇌 이식 수술이지요. 수술을 받은 원숭이는 결국 면역 거부 반응으로 죽었지만, 새로운 신체로부터 혈액을 공급받아 눈으로 보고, 냄새를 맡고, 먹이를 먹으며 약 열흘을 버텼다고 해요.

당시 신체 이식을 원하던 스피리도노프는 머리 아래 몸의 성장이 멈췄을 뿐 아니라 뼈와 피부 외에는 근육이 거의 없는 상태로 살아가고 있었습니다. 언제 신체 기능이 멈출지 알 수 없어 죽음만 기다리던 차에 세르지오 박사의 머리 이식 수술에 지원한 것이었죠. 그러자 세계 의료계의 반응은 비난으로 들끓었습니다. 신체 기증자가 죽을 수밖에 없다는 엄청난 윤리적 문제가 있을뿐더러, 현대 의학으로는 척수에 손상을 입은 사람을 치료하지 못하기 때문에 머리를 이식해도 끝내 신경이 제 기능을 못 할 거라는 이유에서였지요.

2017년 말 진행하겠다던 이 수술은 결국 무산됐습니다. 의

료진 150명과 예산 130억 원이 필요했는데 후원금을 모으지 못했기 때문이죠. 만일 수술이 성공했다면 타인의 몸에 스피리도노프의 뇌를 가진 그에게 "당신은 누구십니까?"라고 물었을 때, 그는 과연 자신이 누구라고 대답했을까요?

나를 복제하면 그것은 나일까?

그렇다면 이미 나라고 인식하는 나 자신을 복제한 경우는 어떨까요? 손오공이 털을 뽑아서 도술을 부려 자신과 같은 모습의 분신을 여러 명 만들어 내는 것처럼 말이죠. 인간 복제는 현재 전 세계에서 법적으로 금지되어 있지만, 과학자들은 인간 복제가 기술적으로는 가능하다고 말하고 있어요.

한편 동물 복제는 이미 세계 곳곳에서 이루어지고 있습니다. 미국의 한 유전자 복제 전문 업체에 따르면, 반려동물 복제에 드는 비용은 개는 약 6천만 원, 고양이는 약 3천만 원 정도이고 그 수요도 적지 않다고 합니다. 개를 복제하면 생전의 반려견과 유전자가 같기 때문에 겉모습부터 습관, 재능까지 꼭 빼닮는다고 해요. 또한 성격은 유전과 큰 상관이 있다는 여러 연구 결과를 비추어 볼 때 성격마저도 닮을 가능성이 크지요.

하지만 복제 동물은 쉽게 말해 인위적으로 만들어진 일란성 쌍둥이로 볼 수 있습니다. 아무리 일란성 쌍둥이라 하더라도 기억이나 능력이 100퍼센트 똑같지 않듯이 복제 동물도 경험이나 환경에 따른 후천적 차이가 발생할 수 있지요. 게다가 반려견과 함께했던 세월과 추억은 복제되지 않습니다. 장담컨대 개 복제 회사에서 보내 준 반려견은 주인을 알아보지 못할 것입니다. 겉모습, 습관, 성격이 비슷해도 내가 사랑하고 나를 사랑했던 그 반려견은 아니기 때문입니다.

마찬가지로 나의 유전자를 복제해서 만든 또 다른 나는 외모와 습관, 재능까지 나를 꼭 빼닮을지는 몰라도 나의 '자아'를 가지고 있지는 않을 겁니다.

기억을 이식하면 그것은 나일까?

그렇다면 복제한 나에게 나의 '기억'을 그대로 이식하면 어떨까요? 내가 갖고 있던 친구들과의 추억, 가족들과의 관계를 모두 기억해 내고 상대방과 대화할 수 있다면 말이죠.

말도 안 된다고 생각하세요? 하지만 과학자들은 한 생명체의 기억을 다른 생명체로 옮기는 가능성에 대해 연구하고 있습니다. 2018년 미국 데이비드 글랜즈먼 교수의 연구팀은 바다 달팽이에서 다른 바다 달팽이로 기억력을 옮기는 데 성공했다고 발표했어요. 연구팀은 바다 달팽이의 일종인 군소의 꼬리에 전기 자극을 주었습니다. 전기 자극을 받은 군소 무리는 평균 50초 정도 움츠러드는 반응을 보였지요. 반면 전기 자극 없이 꼬리만 살짝 건드린 군소 무리는 1초 정도만 꼬리를 움츠렸어요. 이후 연구팀은 전기 자극을 줬던 군소에게서 유전 정보 전달 물질인 RNA를 추출해 전기 자극을 받지 않은 군소들에게 주입했어요. 그러고는 RNA를 주입한 군소의 꼬리를 전기 자극 없이 살짝 건드렸어요. 결과가 어땠을까요?

RNA를 이식받은 군소들은 40초 정도 꼬리를 움츠렸다고 해요. 마치 전기 자극을 받은 군소의 기억이 이식된 것 같은 효과를 낸 것이죠. 물론 연구팀은 우리가 떠올리는 '기억력'을 옮긴 게 아니라, DNA에 담긴 명령을 전달하는 RNA를 옮겼을 뿐이에요.

과학자들은 RNA에 대해 더 깊이 연구하면 초기 치매 환자를 치료하고 정신적 트라우마를 없애는 데 도움이 될 수 있을 것으로 기대하고 있어요. 아직은 초기 단계지만 나와 관련된 모든 기억을 이식할 수 있는 날이 온다면, 어디까지를 나로 볼 것인가 분명히 고민해야 할 거예요.

몸이 개량되어도 그것은 나일까?

그렇다면 나 자신을 기억하는 나의 뇌는 그대로이되, 내 몸의 다른 부분이 모두 교체되어 개량된다면 어떨까요? 영화에서는 이미 이러한 상상을 많이 구현하고 있지요. 1987년에 제작되고 2014년에 리메이크된 영화 「로보캅」도 바로 그 예입니다. 끔찍한 사고를 당한 형사 알렉스 머피는 깨어났을 때 자신의 몸이 마치 아이언맨 슈트와 같은 물질로 뒤덮여 있는 것을 발견하지요. 충격에 빠진 그는 자신을 수술한 노턴 박사에게 묻습니다. "이 옷은 대체 뭐요?"라고 말이죠. 그리고 박사는 이렇게 대답합니다. "그것은 옷이 아닙니다. 그것은 바로 당신입니다."

SF 영화나 먼 미래의 일이라고요? 하지만 이미 인간의 몸은 다른 것으로 많이 대체되고 있습니다. 인공적으로 치아를 만들어 심는 임플란트 치아 시술, 낡은 무릎 관절을 대체하는

인간의 신체를 인공물로 대체하여 살아가는 경우가 이미 많습니다.

인공 관절, 그리고 인공 심장, 신장, 혈관, 식도, 고막, 항문 등 인간의 신체나 장기를 대신할 수 있도록 개발되어 실용화 단계에 이른 것이 많습니다.

심지어 최근에는 두뇌 임플란트가 주목받기 시작했다는 소식도 들립니다. 나이를 먹을수록 손상되는 기억을 보호하기 위해 뇌에 칩을 이식하는 치료법인데, 쉽게 말하면 컴퓨터의 메모리칩처럼 보조 기억 장치를 뇌에 이식하는 방법이에요. 이 칩을 쓰면 치매를 예방하고 특정 기억을 걸러 낼 수도 있다고 해요. 예를 들어, 과거의 나쁜 기억이 떠오르는 순간, 칩이 우리 두뇌의 사고 과정에 개입해 이를 차단하는 것이죠.

하지만 치아를 임플란트하는 것과 기억을 임플란트하는 건 매우 다른 차원의 이야기입니다. 기억은 인간의 존재를 좌우하는 영역이기 때문이에요. 그런데 인간의 기억이 마이크로칩과 연동되어 전기 자극으로 통제할 수 있다면 어디까지가 컴퓨터이고 어디까지가 나일까요?

나는 '나'입니다. 그러나 "내 몸의 어디까지가 나인가?" "어디까지를 잃고 어디까지 교체되어도 나를 나라고 부를 것인가?"는 무척이나 대답하기 어려운 문제입니다. 더불어 어느 수준까지를 인간으로 볼 것인가 하는 문제도 함께 다루어야 하지요. 지금은 막연히 나의 기준이 뇌 혹은 기억이라고 대답하는 수준에 머물고 있지만, 과학과 기술이 발달할수록 우리는 나의 경계를 묻는 이 문제에 분명한 답을 가지고 있어야 할 것입니다.

4. 나는 몇 살일까?

    지금 이 글을 읽는 여러분은 몇 살인가요? 자신의 나이를 세는 것은 생각보다 어렵습니다. 한국인이라면 더더욱 그렇지요. 우리나라에는 나이를 셈하는 방법이 세 가지나 있기 때문입니다. 예를 들어 볼까요? 2010년 3월 6일에 태어난 온유는 2023년 3월 2일에 몇 살일까요?

    우리나라에서는 아기가 태어나자마자 한 살이라고 말합니다. 엄마 배 속에 있었던 10개월도 포함하는 것이지요. 그렇다면 온유는 14세가 되지요. 이게 한국식 세는 나이입니다. 한편 '연 나이'는 현재 연도에서 태어난 연도를 뺀 값입니다. '연 나이'는 태어나자마자 0살로 계산하므로 햇수만 따지면 온유는 13세가 되지요. 우리가 학교에 입학할 때 보통 이 나이를 기준으로 입학합니다. 마지막으로, 만 나이는 생일을 기준으로 합니다. 출생 직후 0살을 시작으로 매해 생일 때마다 1살이 늘어나는 것이죠. 온유는 아직 생일이 지나지 않았기 때문에 만 12세라고 말해야 해요.* 그래서 일부 국가에서는 나이를 물어보면 12세 11개월이라고 대답하기도 하지요.

여러분의 정확한 나이가 정말로 궁금한 사람이 있다면, 여러분이 뭐라 대답하든 "그래서 몇 년생이냐?"라고 되물을 수밖에 없을 거예요.

세포의 나이를 묻는다면

그렇다면 여러분의 몸을 구성하는 세포에게 나이를 물어보면 어떨까요? 모든 세포가 여러분과 나이가 같다고 대답할까요?

인간의 몸은 약 30조 개의 세포로 구성됩니다. 그중에는 적혈구나 백혈구처럼 동그란 공처럼 생긴 것도 있고 신경 세포

---

* 2023년 6월 28일부터는 행정기본법과 민법이 개정됨에 따라 '만 나이' 사용이 본격 시행됩니다. 출생과 동시에 1살로 여긴 '한국식 나이'는 사라지게 됩니다.

나 근육 세포처럼 기다랗게 뻗어 있는 것도 있지요. 그 역할과 모양이 다양한 것처럼 우리 몸의 각 세포는 수명도 제각기 다릅니다. '나'라는 한 사람의 몸에 있는 세포인데도 어떤 세포는 수명이 이틀이 채 안 되고, 어떤 세포는 3개월을 살고, 또 다른 세포는 5년을 넘기기도 해요. 예를 들어, 위장의 내벽 세포는 이틀에 한 번씩 빠르게 재생됩니다. 소화를 위해 나오는 강력한 산성 물질인 위산과 접촉하면서 손상을 입기 때문입니다. 우리 몸의 전체를 덮고 있는 피부 세포는 2~4주마다 교체되지요. 주변 환경으로부터 우리 몸을 지켜주는 보호막을 항상 튼튼하게 유지해야 하기 때문입니다. 병원체가 침입했을 때 이들을 무찌르는 백혈구는 수명이 최대 일주일 남짓이고 적혈구는 수명이 3~4개월 정도입니다. 반면 지방 세포나 뼈 조직은 평균 10년 정도 살아간다고 해요. 한편 뇌의 신경 세포나 심장 세포, 눈의 수정체를 구성하는 세포는 우리 몸과 일생을 함께할 정도로 수명이 매우 길지요.

자동차에 비유해서 설명해 볼게요. 자동차에는 약 3만여 개의 부품이 들어가는데 부품마다 교체 주기가 다릅니다. 예를 들어 엔진오일은 5,000킬로미터를 달릴 때마다, 점화 플러

그는 40,000킬로미터마다, 타이어는 보통 3년마다 교체하지요. 내부 부품뿐 아니라 교통사고가 나면 외부 차체도 새것으로 교체하고, 표면이 긁히면 색을 다시 칠하기도 해요.

그러니까 여러분의 세포들에게 나이를 물어본다면, 뇌의 신경 세포 대부분은 여러분과 나이가 같다고 대답할 거예요. 한편 수많은 적혈구는 각각 "제 나이는 하루예요!" "저는 일주일이요!" "저는 태어난 지 100일 되었어요!"라고 서로 다르게 대답할 겁니다.

10년 전의 나와 지금의 나

그런데 세포마다 왜 이렇게 수명이 다른 것일까요? 피부 세포는 목욕하고 때를 밀면서 일부가 떨어져 나가고, 위벽 세포는 강력한 위산 때문에 어쩔 수 없다고 쳐도, 다른 세포들은 우리가 태어날 때부터 죽을 때까지 계속 같이 살아도 괜찮을 텐데 말이죠.

안타깝게도 세포마다 수명이 다른 이유는 아직 정확히 밝혀지지 않았습니다. 단지 심장, 간, 위 등 각각의 장기를 구성하는 세포들이 저마다 사멸하고 다시 생성되는 재생 주기를 갖고 있다는 사실만 밝혀졌지요. 즉, 똑같은 세포라고 하더라고 간에 위치하느냐 뼈 조직에 위치하느냐에 따라서 타이머가 다르게 돌아가게끔 프로그래밍 되어 있다는 말이에요. 예를 들어, 간세포는 300~500일을 주기로 새로 태어납니다. 이 주기가 지나면 새로운 간이 생성되는 셈이죠. 한편 뼈 조직의 수명은 10년 정도이기 때문에 전체 뼈 조직이 새롭게 바뀌는 데 보통 10년 정도 걸린다고 해요.

시간이 지나면 우리 몸의 세포들은 각자의 수명대로 나이가 들어서 죽고 새로운 세포가 만들어져 그 자리를 대신 채웁니다. 죽은 세포 일부는 몸에서 떨어져 나가고, 일부는 기생충의 먹이가 되거나 몸 안에서 분해되지요. 이와 관련하여 2021년 이스라엘 와이즈만 연구소 연구팀은 우리 몸에서 1초에 약 380만 개의 세포가 교체된다는 연구 결과를 발표했습니다. 하루에 평균 약 3,300억 개의 세포를 갈아 치우는 셈이죠. 이는 전체 세포 질량의 0.2퍼센트에 해당한다고 합니다. 연구팀은 단순히 질량만을 기준으로 계산한다면 인체의 전체 세포가 교체되는 데 평균 1년 반이 걸린다고 발표했습니다. 물론 개인의 나이, 건강 상태, 체격, 성별에 따라 이 기간은 어느 정도 차이가 날 수 있어요.

그렇다면 여러분이 10년 만에 친구를 다시 만났다고 가정
해 볼게요. 10년이 지나면 뇌의 신경 세포나 눈의 수정체 등
을 제외하고는 여러분 몸의 세포 대부분이 머리부터 발끝까
지 새로운 세포로 교체된 상태일 거예요. 다시 말하면 친구와
나는 서로의 몸을 구성하는 세포 대부분을 한 번도 본 적이
없는 상태지요. 그런데도 우리는 서로를 알아보고 서로의 안
부를 물으며 즐겁게 대화를 할 것입니다.

세포의 나이를 결정하는 '끝부분'

세포의 나이와 우리의 나이가 큰 상관이 없어 보이지만, 사실은 그렇게 간단하지 않습니다. 내가 죽으면 내 몸의 세포도 모두 죽게 되고, 반대로 더는 세포가 새로 생기지 않고 남아 있는 세포들마저 죽으면 결국 나도 죽게 되니까요.

현재 생명체의 수명을 가장 명확하게 설명하는 학설은 '세포 분열이 가능한 횟수가 정해져 있기 때문'이라는 것입니다. 1961년, 미국의 생물학자 레너드 헤이플릭은 인간의 세포가 약 50회 정도 분열할 수 있으며, 그 이후에는 더 분열하지 않는 것을 발견했지요. 이렇게 세포 분열 횟수에 한계가 있는 현상을 발견자의 이름을 따서 '헤이플릭 한계'라고 부릅니다.

이후 과학자들은 헤이플릭 한계가 '텔로미어(telomere)' 때문이라는 것을 알아냈습니다. '끝'을 뜻하는 그리스어 텔로스(telos)와 '부분'을 뜻하는 메로스(meros)가 합쳐진 이름의 '텔로미어'는 염색체를 보호하기 위해 염색체 양 끝에 달린 뚜껑 같은 부분인데, 세포가 분열할수록 닳아서 그 길이가 점점 짧아져요. 중요한 유전 정보를 담고 있는 염색체 대신 텔로미어가 닳아 없어지는 것이죠. 그래서 내 몸속에서 지금 태어나는 세포의 텔로미어는 10년 전에 태어나던 세포의 텔로미어보다는 반드시 짧지요. 즉, 오늘 태어난 세포는 10년 전에 태어나던 세포보다 늙은 상태로 태어난다는 말이에요. 그리고 텔로미어가 너무 짧아지면 세포는 노화돼서 더는 분열하지 못하고 죽게 됩니다.

이는 동물을 복제하는 과정에서도 큰 문제로 등장했어요. 1996년 태어난 세계 최초의 체세포 복제 양 돌리는 정상적으로 태어난 양보다 빨리 늙어 갔습니다. 일반적인 양의 수명이 15년 정도인데, 돌리는 당시 6세였던 양의 몸에서 복제되었기 때문에 이미 돌리의 세포들이 6세의 상태였던 것이죠. 즉, 복제 양 돌리의 텔로미어는 같은 시기에 태어난 양들보다 짧아서 일찍부터 퇴행성 관절염에 걸리고, 수명이 짧아져 결국에는 이른 죽음을 맞게 됩니다. 이렇듯 세포의 노화는 곧 우리 신체의 노화와 죽음으로 이어지지요.

세포와 나는 공동 운명체!

여러분의 몸을 구성하는 세포 중에는 여러분이 태어날 때 함께 태어난 세포도 있고, 지금 이 글을 읽는 순간 죽음을 맞

이하고 있는 세포도 있을 거예요. 반대로 지금 새롭게 세포 분열하면서 태어나고 있는 녀석도 있겠지요. 그렇게 세포들은 여러분의 몸을 새롭게 구성해 가는 동시에 여러분과 함께 나이 들어 가지요.

사과나무를 예로 들어 볼게요. 사과나무는 4~5월에 초록 잎이 나옴과 동시에 흰색 또는 연분홍색 꽃이 피고, 8~10월에 꽃받침이 자라면서 열매가 맺히고 익어 가지요. 10월 말에 열매를 모두 수확하면 잎은 떨어져 겨울을 나게 됩니다. 잎도, 꽃도, 열매도 모두 사과나무의 몸을 구성하는 부분이지만, 매년 생겨나고 사라지기를 반복하면서 사과나무는 해마다 나이가 들어 가요. 우리가 보는 사과나무는 분명 10년 전의 어린나무는 아니에요. 하지만 그 자리에서 그대로 성숙해 가는 바로 '그' 사과나무가 맞지요.

내 몸을 구성하는 세포들의 나이가 모두 다르다고 해도 누군가 내 나이를 물어본다면 나는 모든 세포를 대표해서 우리가 함께해 온 시간을 내 나이로 대답할 거예요. 분명 10년 전의 나와 지금의 나는 다른 세포로 구성되어 있지만, 재미있게도 나는 바로 '그' 사람이 맞기 때문이지요.

5. 나는
어디에서 왔을까?

　우리 몸은 무엇으로 구성되어 있을까요? 뼈와 살, 피 등으로 되어 있죠. 그런데 그보다 더 잘게 쪼개어 보면 어떤 물질로 구성되어 있을까요? 우리 몸은 산소, 수소, 탄소, 질소, 칼륨, 인 등의 원소들로 이루어져 있답니다. 그중 제일 많은 것은 산소예요. 우리 몸 전체 무게의 약 65퍼센트를 차지하지요. 그렇다면 이 물질들은 어디서 왔을까요? 아마 우리가 호흡하는 공기, 우리가 먹는 음식으로부터 왔겠죠? 그렇다면 공기와 음식을 구성하는 물질들은 또 어디서 왔을까요? 이렇게 계속 거슬러 올라가다 보면 무엇이 나올까요?

돌고 도는 질소 분자

제가 대학교 1학년일 때 이런 시험 문제가 나온 적이 있었어요.

> *"1598년 노량 해전에서 이순신 장군이 숨을 거두기 전 내쉰 마지막 숨에 들어 있던 질소 분자 1개를 지금 우리가 1회 호흡할 때 들이마실 확률을 구하시오."*

학교의 시험 문제는 다 이렇게 황당하냐고요? 보통은 그렇지 않아요. 저 문제만 유독 특이했는데 저도 충격적이어서 지금까지 기억이 나요.

그런데 가만 보면 좀 재미있지 않나요? 우리가 지금 마시는 질소가 그 옛날 이순신 장군이 들이마신 질소랑 같다니, 정말 그럴까요?

우리는 지금도 교실에서 옆에 앉은 친구가 내뱉는 질소 기체 분자(N_2)를 들이마십니다. 집에서는 가족들이 내쉰 숨 속의 질소 기체 분자를 다시 들이마시지요. (아, 물론 질소가 필요해서 들이마시는 건 아니에요. 우리가 필요한 건 산소인데, 공기 중에 질소가 차지하는 양이 78퍼센트나 되다 보니, 산소를 들이마시면서 덩달아 질소까지 마시게 될 뿐이지요.)

앞의 문제는 425년이라는 시간 간격이 있는 데다 이순신 장군까지 나와서 어렵고 막연해 보일 뿐, 사실은 옆 사람이

내뱉은 질소 분자를 내가 들이마실 확률을 구하라는 문제입니다.

지구를 둘러싸고 있는 기체층인 대기는 대부분 질소와 산소로 구성됩니다. 이 기체층은 우리가 서 있는 지표면에서부터 무려 1,000킬로미터의 높이까지 있어요. 그렇지만 지구가 끌어당기는 힘인 중력 때문에 전체 공기의 99퍼센트는 지상 약 32킬로미터 이내의 높이에 갇혀 있습니다. 그렇다면 425년 전 이순신 장군이 마지막으로 내쉰 숨 속에 있던 질소 분자 역시 지금까지도 32킬로미터 이내의 대기권 어딘가에서 돌아다니고 있겠죠? 질소는 우리가 들이마셨다가 내뱉는다고 다른 물질로 변하지 않습니다. 게다가 지구의 나이로 보면 425년은 그리 오랜 시간도 아니고, 질소가 우주로 탈출할 만큼 중력이 약하지도 않기 때문이지요.

자, 이순신 장군의 마지막 숨에 있던 질소가 지구를 탈출하지 못한다는 걸 알았으니 이제 한 번의 숨 안에 질소 분자가 얼마나 있는지 알아볼까요? 일정한 기압과 온도일 때 일정 부피 안에 들어 있는 기체 분자의 개수는 같습니다. 1기압, 25℃ 조건일 때 '부피 22.4리터의 기체 안에는 6.022×10^{23}개의 기체 분자가 들어 있다.'라고 알려져 있어요. 사무실에서 주로 사용하는 정수기를 떠올려 보세요. 거기에 거꾸로 뒤집어 올리는 파란색 대용량 생수통이 18.9리터니까 대략 어느 정도 부피인지 알겠죠? 그 정도의 공간 안에 6천만 개도 6천억 개도 아닌, 무려 6천해 개의 기체 분자가 있다니 놀랍지 않나요? 일정한 공간 속 기체 분자의 모습은, 뚜껑이 닫힌 통과 그 안에 가득한 설탕 알갱이를 생각하면 약간 비슷할 거예요. 물론 기체 분자는 우리 눈에 보이지 않고, 주어진 공간에서 자유롭게 움직이고 있다는 점이 설탕과는 다르지만요.

한 번 호흡하는 공기 속에 들어 있는 질소 분자의 개수가 그렇게 많다면 우리가 숨을 들이쉬고 내쉴 때 425년 전 이순신 장군이 내뱉었던 바로 그 질소 분자를 들이마실 확률도 분명히 있을 거예요. 신기하지 않나요?

생명체의 증거, 탄소

질소뿐만 아니라 지구라는 특수한 공간에서는 물질들이 사라지지 않고 순환하고 있습니다. 대표적인 것이 바로 탄소 원자(C)이지요. 질소는 우리가 들이마셨다가도 필요가 없어서 내뱉지만, 탄소는 그렇지 않아요. 우리 몸 곳곳으로 가서 중요한 역할을 한답니다. 탄소는 모든 생명체를 이루는 기본 구성 요소로, 우리 몸의 약 18.5퍼센트는 탄소로 구성돼요. 50킬로그램인 사람을 예로 들면 약 9.25킬로그램이 탄소라고 볼 수 있지요. 우리의 주된 에너지원인 탄수화물의 구성 성분도 바로 탄소지요. 우리는 탄수화물을 먹고 이것을 아주 작게 분해해서 에너지로 쓸 수 있도록 몸속의 모든 세포에 전달하죠. 물론 단백질과 지방에도 탄소가 포함되어 있어요. 게다가 유전 물질인 DNA와 모든 세포 자체에도 탄소가 구성 성분으로 사용됩니다. 인간의 피부, 뇌, 근육이 다 탄소로 이루어져 있지요. 이런 식으로 균류, 동물, 식물 등 우리가 생명으로 분류하는 모든 것들은 탄소를 풍부하게 포함하고 있습니다.

그래서 탄소는 생명체의 증거라고 볼 수도 있습니다. 2012년 생명의 흔적을 발견하고자 화성으로 보내진 탐사선 큐리오시티의 주된 임무 중 하나는 채집한 토양과 암석 표본에서 탄소가 포함된 화합물을 찾아내는 것이었습니다. 탄소 화합물이 발견됐다고 해서 곧바로 생명체가 존재했다고 말할 수는 없지만, 생명체가 존재하기 위해서는 반드시 탄소 화합물이 있어야 하기 때문이지요. 하지만 아직 화성에서 생명체와 관련된 탄소 화합물을 발견했다는 소식은 없습니다.

탄소의 환생

우리가 숨 쉴 때 내뱉는 이산화탄소에도 탄소가 포함되어 있어요. 식물들은 바로 그 이산화탄소를 수확하며 살아갑니다. 햇빛과 이산화탄소와 물을 이용해 포도당과 산소를 만드는 광합성을 하죠. 이렇게 식물은 탄소로 잎과 줄기 등을 만들면서 지구 생명체 중에서는 처음으로 탄소를 자기 몸속에 집어넣습니다.

동물은 탄소로 이루어진 식물의 줄기나 나뭇잎, 열매 등을 먹어서 자신의 에너지원으로 사용합니다. 또한 일부는 근육 등 신체 조직을 만드는 데 사용하지요. 마치 집을 짓는 건축용 벽돌처럼 말이에요. 소화가 어려운 나무줄기나 나무껍질은 미생물이 분해함으로써 식물의 탄소는 작은 동물이나 곤충에게 흡수됩니다. 그렇게 탄소 원자는 생태계의 먹이 사슬 꼭대기의 포식자에게까지 전달되어 에너지원이 되거나 동물의 몸을 구성하지요. 우리가 먹은 탄소의 대부분은 체온을 유지하고 활동을 하기 위한 연료가 되며, 10분의 1 정도만 몸의 건축용 자재로 쓰인다고 해요.

탄소를 섭취한 동물들이 죽고 썩으면 흙으로 돌아가 탄소를 포함한 자기 자신의 구성 성분을 다시 나무나 풀로 되돌려 보냅니다. 그리고 탄소는 동식물들이 호흡하면서 내뱉거나 화석 연료를 태울 때 이산화탄소의 형태로 배출되어 다시 대기로 돌아갑니다. 가끔은 화산 폭발로 땅속에 묻혀 있던 탄소가 대기로 뿜어져 나오기도 합니다.

이렇듯 지구에서 탄소가 '대기 → 식물에 저장 → 초식 동물의 몸 → 먹이 사슬의 정상에 도달 → 흙으로 돌아감 → 대기'의 순으로 돌아다니는 것을 '탄소 순환'이라고 불러요. 어떻게 보면 인간을 포함해 모든 생물의 몸은 탄소 원자가 잠시 머물다 가는 장소라고 볼 수도 있지요. 전문가들은 매년 이렇게 식물을 거쳐 순환하는 탄소가 약 1,200억 톤에 이른다고 계산하고 있어요.

내 엄지손가락은 티라노사우루스였다

나무 하나를 통째로 태우면 이산화탄소와 재가 됩니다. 그러면 주변의 나무들은 그 이산화탄소를 마시고 다시 새로운 가지들을 만들어 냅니다. 나무 한 그루가 사라지면서 동시에 다른 나무의 일부가 되는 것이죠.

여러분도 새로운 나뭇가지의 일부가 될 수 있어요. 우리 몸의 세포들은 끊임없이 죽고 다시 태어납니다. 죽은 세포들은 우리가 먹은 다른 음식물과 마찬가지로 분해되어서 이산화탄소의 형태로 폐 밖으로 버려지기도 하지요. 다시 말하면, 우리는 우리 자신을 호흡으로 뱉어 내지요. 즉, 우리가 내쉬는 숨의 이산화탄소를 나무가 흡수한다면 우리도 새로운 나뭇가지 일부가 될 수 있습니다.

그럼 더 재미있는 가정을 해 볼게요. 지구에 존재하는 엄청나게 많은 탄소 원자 중에서 딱 1개만 집중해서 추적해 보자고요. 6,700만 년 전 백악기 후기에 이산화탄소의 형태로 지구의 대기를 돌아다니던 탄소 원자 1개가 은행나무의 숨구멍(기공)으로 들어가 광합성을 통해 잎에 저장되었다고 가정합시다. 그리고 이 은행나무 잎을 초식 공룡인 트리케라톱스가 먹고 소화·흡수하여 트리케라톱스의 근육을 구성했고, 이 트리케라톱스는 육식 공룡인 티라노사우루스에게 잡아먹혀서

티라노사우루스의 근육을 구성하게 되었습니다. 이 과정에서 이산화탄소 형태로 있던 탄소는 은행나무에서는 탄수화물의 형태로, 트리케라톱스와 티라노사우루스의 몸속에서는 단백질의 형태로 존재하게 됩니다.

이 티라노사우루스가 죽어서 땅에 묻히면 미생물들이 사체를 분해합니다. 이 미생물이 호흡을 하면 티라노사우루스의 몸을 구성하던 탄소를 이산화탄소의 형태로 다시 대기 중으로 돌려보내겠죠. 그렇게 대기를 떠돌던 바로 그 탄소를 올해 여름에 사과나무가 광합성을 통해 사과 열매에 저장하고, 여러분이 그 사과를 먹을 수도 있을 거예요. 그리고 사과속의 그 탄소는 마침 종이에 베인 엄지손가락의 상처를 회복하기 위해 내 몸의 구성 성분이 될 수도 있습니다. 그렇게 6700만 년 전 지구에 살던 티라노사우루스와 2020년대의 우리는 오랜 세월을 뛰어넘어 탄소라는 성분을 공유하게 됩니다. 사실 지구에는 탄소 외에도 많은 물질이 모습을 바꾸어가면서 생태계와 환경 사이를 순환하고 있어요. 질소, 인, 물등이 바로 순환하는 물질의 예이지요. 이렇듯 티라노사우루스의 몸을 구성하던 물질들이 다시 내 몸을 구성할 수도 있다는 말은 과장이 아니에요.

나, 원자가 재활용되는 공간

물질을 구성하는 기본 단위인 원자의 수준에서 모든 물질은 새롭게 창조되거나 파괴되지 않습니다. 재활용될 뿐이죠. 원자는 새로운 형태를 띠면 이전의 형태에서 갖고 있던 특징은 전혀 갖지 않습니다. 즉, 우리 몸을 구성하는 원소들은 은행나무 잎이었든 티라노사우루스의 근육이었든, 과거를 기억하지 않습니다. 그래서 다른 생물의 몸을 구성하던 탄소가 다시 우리의 몸속에 들어와도 외모나 건강에는 전혀 영향을 미치지 않지요.

인간은 오랜 시간을 거치며 다른 사람이나 다른 생물이 쓰다 버린 조각을 짜 맞추어 몸을 만들어 갑니다. 그런 의미에서 보면, 우리는 다른 생물로부터 탄소를 빌려 쓰는 중이라고 할 수도 있겠네요. '모든 인간은 다른 누군가의 몸이나 다른 곳에 머물던 원자들로 이루어진 존재'라는 사실을 인정해야 할 것 같습니다.

2부 **우리는 누구일까?**

6. 너와 내가 보는 것이
서로 같을까?

    친한 친구와 나란히 앉아 수업을 듣습니다. 함께 급식을 먹고 하교 후 학원에 가는 길에는 공원을 지나면서 빨갛고 노랗게 핀 장미 넝쿨도 보았지요. 친구와 나는 오늘 같은 것을 보고 같은 경험을 했습니다. 하지만 정말 그럴까요? 내가 본 것과 친구가 본 것이 같다고 할 수 있을까요?

    우리는 나 중심, 인간 중심으로 세상을 봅니다. 내 눈으로 보는 것이 세상의 진짜 모습이라고 여기지요. 하지만 우리가 보는 세상은 사람마다 다릅니다. 또한 다른 동물의 눈으로 세상을 보면 또 다른 모습이 펼쳐지지요. 나와는 다른 눈으로 보는 세상은 어떤지 한번 살펴볼까요?

나에게는 보라색, 너에게는 남색

언젠가 한 학생이 새 운동화를 신고 학교에 온 날이었어요. 제가 "새 운동화네? 보라색 예쁘다."라고 하자 학생이 이렇게 대답했습니다. "그렇죠? 그런데 저는 사실 남색 운동화를 샀어요." 그 대답을 듣고, 무슨 말인지 이해되지 않아 잠시 어리둥절했지요. 그러자 그 학생은 저의 반응을 살피더니 이어서 말했어요. "저는 남색인 줄 알고 샀는데 다른 사람들이 보

라색이라고 하더라고요." 왜 그 학생에게는 보라색이 남색으로 보이는 걸까요?

인간의 감각 중에서 만져서 느끼는 건 촉각, 냄새를 맡는 건 후각, 맛을 보는 건 미각, 눈으로 보는 건 시각이라고 하지요. 그중에서 색을 구분하는 감각은 '색각'이라고 해요. 우리 눈의 망막에는 빨간색, 초록색, 파란색을 인지하는 3가지 원뿔 세포가 있는데, 이 세포들이 자극받아 색을 조합하면 그 비율에 따라 다양한 색을 인식하게 됩니다. 미술 시간에 여러 색의 물감을 적절히 섞으면 다양한 색을 만들 수 있는 것과 같은 원리죠. 그런데 유전이나 노화 때문에 원뿔 세포에 이상이 생기면 색각 이상이 발생합니다. 빨간 색상의 원뿔 세포가 없거나 완전히 망가지면 빨간색의 '색맹'이고, 원뿔 세포가 있더라도 기능이 불완전하면 '색약'이라고 부르지요. 하지만 빨간색, 초록색, 파란색을 모두 구별하지 못해 사물이 회색으로 보이는 완전 색맹은 극히 드물고, 특정 색상을 알아보지 못하는 경우가 많다고 해요.

이런 색각 이상의 사례는 우리 주변에서도 종종 만날 수 있습니다. 아주 유명한 예가 바로 페이스북을 만든 마크 저커버

그이지요. 페이스북이 파란색을 대표 색상으로 선택한 이유가 바로 저커버그 때문이라고 해요. 그는 선천적으로 빨간색과 초록색을 구분하지 못하는 적록 색맹이라고 합니다. 적록 색맹이 가장 잘 인식할 수 있는 색이 파란색이기 때문에 페이스북을 상징하는 색상이 파란색이 되었다고 해요.

보라색 운동화를 남색이라고 여겼던 학생의 경우에는 빨간색이 잘 보이지 않아 보라색이 남색으로 보였던 것이지요.

같은 세상을 본다는 착각

"원숭이 엉덩이는 빨개, 빨가면 사과." 많은 사람이 아는 이 노래처럼 사람들은 원숭이 엉덩이도 빨갛다고 하고 사과도 빨갛다고 합니다. 물론 마크 저커버그의 눈에는 원숭이 엉덩이와 사과가 조금 다르게 보이겠죠?

하지만 색각 이상이 아니더라도 여러분과 여러분의 친구들, 가족들은 모두 정말로 원숭이 엉덩이를 같은 색으로 보고 있을까요? 어쩌면 우리가 보는 빨간색은 같은 빨간색이 아닐 수도 있어요. 모두 미묘하게 다른 색을 보고 있지만 어릴 때부터 그 색의 이름을 '빨간색'이라고 배워서, 눈에 보이는 그

색을 '빨간색'이라고 부르는 것일 수도 있다는 뜻이죠. 안타깝지만 우리는 이 말이 진짜인지 아닌지 절대로 알 수 없을 거예요. 왜냐하면 색은 그것을 보는 사람만이 인지할 수 있으니까요. 상대방과 내가 같은 사물을 서로 어떤 색으로 보고 있는지 비교할 수 없습니다.

우리가 같은 색깔을 보고 있다고 짐작하는 것처럼, 우리는 서로 같은 세상을 보고 있다고 여기기도 합니다. 내가 보는 교실 풍경이 타인에게도 똑같이 보인다고 생각하는 거지요. 하지만 십여 센티미터만 눈높이가 달라져도 세상은 꽤나 다르게 보입니다. 승객으로 가득한 버스 안에서 사람들 속에 파묻힌 키 작은 사람의 시야와 머리 하나 정도 차이가 나게 키가 큰 사람의 시야는 다를 수밖에 없습니다.

프랑스의 사진작가 엘리엇 어윗은 바로 이러한 사실을 자기 작품의 주제로 삼았습니다. 그가 주목한 것은 바로 '개의 눈높이'였지요. 어윗은 개처럼 낮은 높이에서 개를 바라보며 흑백 사진 연작을 찍었습니다. 그렇게 사진을 찍어 보니 개에게 가장 잘 보이는 것은 함께 다니는 사람의 신발이었습니다. 어린이들도 마찬가지입니다. 부모들이 동물원에서 호랑이를

강아지가 보는 세상은 서 있는 사람의 눈높이보다 훨씬 낮습니다.

가리키며 보라고 해도 아이들의 눈에는 울타리만 보일 뿐이
에요. 부모가 아이를 안아 올려서 눈높이를 맞춰 주어야 비로
소 부모가 보는 세상을 아이도 볼 수 있지요. 그 대신 눈높이
가 낮은 아이들은 기어가는 개미나 돌 틈 사이에서 피어난 민
들레를 누구보다도 먼저 발견합니다.

인간이 보지 못하는 색의 다양성

그렇다면 인간과 다른 동물들이 보는 세상은 어떨까요? 인간은 3가지의 원뿔 세포로 무지개 색깔인 빨강, 주황, 노랑, 초록, 파랑, 남색, 보라색만 볼 수 있습니다. 이렇듯 사람의 눈으로 감지할 수 있는 빛의 영역을 '가시광선'이라고 해요. 인간은 가시광선의 범위를 벗어나는 자외선과 적외선, 엑스선이나 전파를 볼 수 없습니다. 하지만 다른 동물들 중에는 이런 빛을 볼 수 있는 경우가 많죠. 이런 동물들과 비교한다면 우리 인간은 모두 일부의 색에 대해 색맹이라고 볼 수도 있습니다.

예를 들어 새들은 네 가지 원뿔 세포를 갖고 있습니다. 새가 가진 4번째 원뿔 세포는 이론적으로 자외선을 포함한 색상을 구별할 수 있게 한다고 해요. 그래서 새는 인간보다 더 많은 색을 볼 수 있지요.

2020년 프린스턴 대학의 한 연구팀은 야생의 넓적꼬리벌새를 연구해서 이들이 '자외선+초록색' 및 '자외선+빨간색'과 같은 색상 조합을 볼 수 있다는 것을 밝혀냈습니다. 벌새는 꿀이 있는 곳을 찾기 위해 꽃 색깔에 민감하게 반응합니다. 색각이 아주 잘 발달했죠. 그래서 조금만 훈련해도 실험에 활용할 수 있었습니다. 연구팀은 넓적꼬리벌새가 자주 찾는 초원에 설탕물과 그냥 물이 담긴 두 개의 먹이통을 설치했습니다. 그리고 그 옆에 LED 관을 설치해서 설탕물이 나오는 관에는 '자외선+초록색'이 보이도록, 보통 물이 나오는 관에는 그냥 초록색만 보이도록 했지요. 인간에게는 두 관이 똑같이 초록색으로 보였지만, 벌새는 계속해서 설탕물이 들어 있는 '자외선+초록색'을 정확하게 선택했다고 합니다. 혹시 벌새가 설탕물의 달콤한 냄새를 맡은 것은 아닐까요? 꽃가루 전달자인 벌새는 후각이 발달하지 못한 것으로 알려져 있습니다.

벌새가 사람보다 더 많은 색깔을 구별한다는 것은 확인했지만, 안타깝게도 벌새가 보는 자외선+초록색이 색들의 혼합일지, 아니면 완전히 새로운 색일지 우리는 정확히 알 수 없습니다. 새 말고도 물고기라든가 파충류가 4가지의 원뿔 세포를 가지고 있고, 공룡도 거의 확실하게 그랬을 거라고 합니다.

인간이 보지 못하는 세상

많은 동물이 더 다양한 색을 볼 수 있다는 건 우리 인간과는 세상을 다르게 본다는 것을 의미하기도 해요. 벌새와 마찬가지로 자외선을 이용해서 세상을 보는 꿀벌과 나비에게는 꽃잎이 인간과는 전혀 다르게 보인다고 해요. 인간의 눈에는 그저 하얗거나 노랗게만 보이는 꽃잎이지만, 꿀벌과 나비의 눈에는 꿀이 있는 암술과 수술로 인도하는 줄무늬가 보이기도 하거든요. 꿀이 있는 꽃의 가운데 부분이 더욱 진하게 보이기도 하고요. 꽃가루를 날라다 줄 손님에게만 식물이 보여 주는 비밀스러운 광경이지요.

한편 적외선을 볼 수 있는 뱀에게는 또 다른 세상이 펼쳐질 것입니다. 밤이 오면 뱀은 먹이를 찾아 사냥을 나섭니다. 그들은 아무것도 보이지 않는 어둠 속에서도 사냥감을 정확히 찾아내지요. 동물의 체온은 주변보다 높거나 낮게 마련입니다. 뱀은 동물의 체온이 주변 환경과 0.1도만 차이가 나도 적외선을 통해 볼 수 있다고 해요. 그러니 적외선으로 먹잇감을 찾아내는 뱀에게는 아무리 훌륭한 변장술을 써도 소용이 없지요.

적외선으로 보는 세상이 어떠할지는 어느 정도 예상할 수 있습니다. 적외선을 탐지하려면 카메라에 적외선 필름을 끼워 촬영해서 보면 되거든요. 발열 여부를 검사하기 위해 건물 출입구에 세워져 있는 적외선 열화상 카메라의 화면이 바로 그것입니다. 우리 몸이 주변보다 빨갛고 노랗게 보이는 화면 말이죠. 물론 그것이 뱀이 보는 세상과 완전히 똑같을지는 알 수 없지만 말이에요.

네가 보는 것과 내가 보는 것이 다를 때

우리는 뜻대로 일이 풀리지 않을 때 "사람들 마음이 다 내 맘 같지 않다."라는 말을 합니다. 분명 같은 상황에 놓여 있는데 서로 마음이 다른 것이 안타깝다는 뜻이죠. 하지만 곰곰이 생각해 보면 마음뿐만 아니라 우리가 보는 세상도 다 다릅니다. 나는 내 옆 사람이 보는 세상이 내가 보는 세상과 같다고 생각하지만, 실제로 그 사람이 보는 세상이 나와 같은지는 알 수 없습니다. 내가 단풍을 보며 감탄할 때 어떤 이는 고개를 갸우뚱하기도 하고, 내가 좋아하는 고수를 어떤 이는 비누 맛이 나서 싫다며 손사래 치기도 하지요.

그렇지만 내 친구가 단풍을 나처럼 보지 못한다고 해서, 내가 좋아하는 고수를 내 친구가 못 먹는다고 해서 우리 사이의 우정에 문제가 생길까요? 보는 세상이 사람마다 다르다는 걸 인정하고 배려하면 더 끈끈한 우정을 맺을 수 있을 거예요.

7. 순수하다는 착각

세상에서는 100퍼센트 순수함이 대부분 우월하다고 여겨져요. 사람들은 100퍼센트 순도의 금이나 다이아몬드가 가장 가치 있고 값비싸다고 생각하고, 여기에 은이나 다른 불순물이 들어가면 가치가 떨어진다고 여기죠. 식품도 첨가물이 들어간 것보다 인공적인 첨가물 없는 자연 그대로의 식품이 더 좋다고 말하고요. 이런 시각은 심지어 반려동물을 대할 때 적용되기도 해요. 그래서 순종은 가치가 있고 잡종은 가치가 적다고 여기기도 하지요. 때로는 이런 생각을 사람에게까지 확대해 적용하기도 합니다. 자기가 속해 있는 생물학적 집단의 어떤 특성이 100퍼센트 순수하다고 믿고, 그렇지 않은 이들을 열등하다고 보기도 합니다. 그렇지만 이 생각이 과학적으로 맞을까요? 그 이야기를 해 보려고 합니다.

한국인이 단일 민족이라고?

2018년 미국의 한 유전자 분석 회사가 '조상 찾기 서비스'를 시작해 화제가 된 적이 있었습니다. 침 몇 방울과 함께 얼마의 비용을 내면 내 유전자 속에 한국인, 일본인, 중국인, 아메리카 원주민 등의 유전적 특성이 각각 얼마나 있는지 알려 주는 서비스였어요. '당신의 유전자에는 한국인 유전자가 52퍼센트, 일본인 30퍼센트, 중국인 16퍼센트, 몽골인 2퍼센트가 있습니다.'라고요.

유전자로 어떻게 혈통을 찾느냐고요? 유전자 분석 회사마다 전 세계 사람들의 유전자를 분석해서 각 나라의 사람들만이 갖는 유전적 특징을 모아 놓은 데이터베이스(DB)가 있어요. 그래서 유전자 분석을 원하는 사람이 본인의 침을 회사로 보내면 회사에서는 침 속에 담긴 30억 쌍의 DNA 염기 서열 중 일부 유전자 정보가 다른 국적의 유전자 정보와 얼마나 일치하는지를 알려 주는 거예요. DB의 양이 많을수록 정확한 결과를 알려 줄 수 있으니 회사마다 가진 DB의 양이 그

회사의 경쟁력이 되지요. 그래서 우리 회사는 '전 세계 6대륙 95개국의 인간 유전 정보를 보유하고 있다.'라는 식으로 광고를 하기도 해요.

이렇게 유전자 분석을 하면 비록 우리가 국적은 모두 한국인이지만, 유전자 분석 결과가 '100퍼센트 한국인'이라고 나오는 사람은 매우 드물 것입니다. 대부분 앞서 든 예처럼 주변국의 유전자가 섞인 결과지를 받게 될 거예요. 드물게는 아주 멀리 아메리카나 유럽 사람의 유전자가 들어 있다고 통보받는 사람도 있겠지요. 심지어는 나의 국적과 달리 일본인이나 중국인의 유전자를 더 많이 갖는다는 결과가 나올 수도 있어요.

이렇듯 우리가 한국인임에도 불구하고 다른 나라의 유전자 비율이 함께 나온다는 것은, 우리나라와 다른 나라 사람들 사이에 유전 정보를 서로 공유하고 있음을 나타냅니다. 민족의 이동, 유목민의 이주 등 여러 이유로 서로 다른 지역의 사람들 사이에서 유전적 혼합이 이루어졌고, 그 결과 일부 유전자를 공유하게 되었음을 의미하는 것이죠. 그러니까 국적으로 사람이나 인종을 구분하는 건 과학과는 관련이 없고, 사

회적 합의나 제도에 불과할 뿐이라는 말이에요. 즉, 한국인은
단일 민족이 아닌 셈이죠.

검은 피부의 백인

우리가 속해 있다고 믿는 '인종'도 마찬가지입니다. 인간
은 수백 년 동안 피부색으로 인종을 분류해 왔습니다. 그리고
그 인종에 따라 우열이 있다고 믿었습니다. 주로 밝은색 피부
를 가진 유럽인들은 더 진한 피부색의 아시아인과 아프리카
인을 자신들보다 미개하고 덜 발달한 인종이라고 여겼습니
다. 아시아를 침략해 식민지로 삼고 아프리카인들을 노예로
부렸지요. 백인과 다른 피부색의 사람들과는 건널 수 없는 큰
간극이 있다고 믿었습니다.

그런데 백인들의 이 큰 믿음이 흔들리는 중요한 사건이 일
어났습니다. 1903년 영국 남서쪽 체다 마을의 고흐 동굴에서
온전한 형태를 갖춘 1만 년 전 선사 시대 인류의 유골이 발견
된 것이에요. 영국에서 발견된 것 중 가장 오래된 이 유골에
는 '체다맨'이라는 이름이 붙었지요.

자신들의 최초 조상을 발견한 영국인들은 꽤 많은 게 궁금

했을 거예요. 얼굴은 어떻게 생겼는지, 나이는 몇 살인지, 키가 어떤지, 눈과 머리카락은 어떤 색인지, 혈액형은 어떤 것인지, 왜 죽었는지 등등이 말이죠. 물론 지금의 영국인들과 비슷한 눈 색깔과 창백한 피부색의 인물을 상상하면서요.

앞에 열거한 개인의 특징을 조사하기 위해 유니버시티 칼리지 런던과 런던자연사박물관의 과학자들은 체다맨의 두개골에 구멍을 낸 후 뼛가루에서 DNA를 뽑아냈습니다. 1만 년이나 된 아주 오래된 뼈에서도 DNA를 뽑을 수 있냐고요? 다행히도 체다맨이 발견된 동굴이 오랜 기간 서늘한 기온을 유지해 준 덕분에 소중한 DNA 정보가 고스란히 보존되어 있었다고 해요. 2018년, 과학자들은 이렇게 얻은 DNA 정보와 고고학적 근거를 바탕으로 체다맨의 얼굴을 복원했습니다. 그런데 평범한 예상을 뒤집을 만한 놀라운 결과가 드러났어요. 키가 약 166센티미터인 20대 초반의 남성으로 밝혀진 체다맨은 파란 눈에 갈색 머리칼, 그리고 '검은 피부'를 가진 것으로 밝혀졌기 때문이에요.

백인인 영국인의 조상 체다맨이 어두운 색깔 피부를 가졌다는 연구 결과는 당시 유럽 사회에 무척 충격적인 일이었습니다. 그러나 연구팀은 1만 년 전 유럽인들의 피부는 어두웠을 거라는 결론을 내렸습니다. 그리고 현재 우리가 인종을 분류하는 방법은 비교적 최근에 생겨난 기준일 것이라면서 체다맨의 피부색만 하더라도 현재의 인종 기준을 과거에 적용할 수 없다는 것이 분명하다고 주장했지요.

2017년에는 아프리카의 토착민에게도 백인의 피부색 유전자가 있다는 사실이 논문으로 발표되었습니다. 펜실베이니아 대학 등의 공동 연구팀은 사람의 피부색을 발현시키는 유전자를 확인하기 위해 다양한 지역의 아프리카인들을 조사했습니다. 아프리카에는 남수단의 진한 색 피부부터 남아프리카의 베이지색 피부에 이르기까지 다양한 피부색이 존재하기 때문이에요. 연구 결과, 과거 아프리카 지역에 진한 검은색 피부를 가진 인류의 조상들이 모여 살다가 지구 곳곳에 정착한 뒤 그 후손 중에 흰 피부를 갖는 사람이 태어나게 된 게 아니라, 아프리카에는 오래전부터 다양한 피부색의 사람들이 존재했다는 것을 밝혀냈어요. 그리고 유전자 돌연변이로 인해 피부색이 진한 사람들이 나타났으며, 이후 이들이 아프리카 대륙에 크게 퍼져 나갔다는 것도요.

인간의 피부색에는 약 100개의 유전자가 영향을 끼친다고 해요. 아주 간단히 예를 들면, 100개의 유전자가 모두 꺼지면 하얀색, 50개가 활동하면 중간 정도의 어두운 색, 100개가 모두 켜져서 활동하면 더욱 어두운 색이 되는 식이죠. 하지만 피부색은 유전자에 의해서만 결정되는 것은 아니에요. 밝은 피부의 사람도 햇빛에 자주 노출되면 피부를 보호하는 멜라닌 색소를 많이 만들어 내서 짙어지기도 하지요. 그러니까 피부색으로 인종을 나눌 수 있다는 생각, 그 인종이 예전부터 지속되어 왔다는 생각, 심지어 인종에 따라 우열을 매길 수 있다는 생각은 전혀 과학적이지 않다고 볼 수 있어요.

내 안의 네안데르탈인

그렇다면 지금 이 글을 읽는 우리, 현생 인류인 호모 사피엔스는 어떨까요? 적어도 우리는 모두 호모 사피엔스에 소속되어 있다고 말할 수 있지 않을까요?

10만 년 전 지구에는 호모 네안데르탈렌시스(네안데르탈인), 호모 에렉투스 등 최소 여섯 종의 사촌 인류가 살고 있었습니다. 그런데 어느 순간부터 사촌 인류들이 하나둘씩 사라지더니 마침내 네안데르탈인과 호모 사피엔스만 남게 되었습니다. 그리고 약 4만 년 전부터는 네인데르탈인의 흔적조차 사라지게 되었죠. 이에 대해서 고인류학자들은, 호모 사피엔스가 약 7만 년 전 고향 땅 동아프리카를 벗어나 지구 전체로 대이동을 하면서 해당 지역에 살던 네안데르탈인 등을 멸종시켰다고 설명했습니다. '교체 이론'이라고 부르죠.

20세기 초 서양인들은 네안데르탈인을 둔하고 구부정하며 멍청한 모습이었을 것이라고 여겼습니다. 1908년 프랑스에서 구부정한 모습의 네안데르탈인 화석이 발견되었기 때문이죠. 이듬해 영국 런던의 한 신문에 실린 네안데르탈인의 상상도는 이러한 편견을 그대로 반영하고 있습니다. 털로 덮인 피부와 구부정한 몸, 반쯤 벌어진 입과 게슴츠레한 눈, 우락부락하게 튀어나온 눈두덩이와 뒤로 납작하게 누워 버린 좁은 이마가 바로 그것이죠. 즉, 털이 적고 키가 크며 꼿꼿하게 서서 걸었던 우월한 호모 사피엔스가 열등한 네안데르탈인을 없애 버렸다는 것이었죠.

그러나 이후 '교배 이론'이 등장했습니다. 호모 사피엔스가 네안데르탈인을 멸종시킨 것이 아니라, 두 집단이 서로 가족을 이루며 한 집단이 되었다는 이론이죠. 즉 네안데르탈인과 호모 사피엔스가 현생 인류의 공동 조상이라는 것입니다. 이에 대해 많은 이들이 반발했습니다. 열등한 네안데르탈인이 현생 인류의 조상일 리가 없다는 것이었습니다.

하지만 과학자들의 연구 결과는 '교배 이론'을 뒷받침했습니다. 2010년 독일 막스플랑크 연구소는 현대인의 DNA 중 1~4퍼센트가 네안데르탈인의 것임을 밝혀냈습니다. 그리고 이들 유전자는 어쩌다 섞인 불필요한 유전자가 아니라, 각각 후각, 시각, 세포 분열, 정자 건강성, 근육의 수축 조절 등을 담당하는, 생존에 필수적인 유전자였죠. 심지어 그중에는 우리와 같은 언어 유전자도 있었습니다. 어쩌면 네안데르탈인은 우리만큼이나 유창하게 말을 했을지도 모릅니다. 그 외에도 현대 유럽인 열 명 중 일곱 명은 네안데르탈인에게서 물려받은 주근깨 유전자를 갖고 있으며, 터키에서는 네안데르탈인에게서 물려받은 HLA 유전자로 인해 250명 중 한 명꼴로 '베체트병'이라는 염증성 질환에 걸린다고도 해요.

이러한 연구 결과들이 속속 발표되면서 교체 이론은 힘을 잃고 현재는 호모 사피엔스가 네안데르탈인과 만나 자손을 만들면서 네안데르탈인이 호모 사피엔스 집단에 자연스럽게 흡수되었다는 교배 이론이 힘을 얻게 되었습니다. 즉, 현재의 우리 호모 사피엔스는 하나의 조상에서 내려오는 후손이 아니고 여러 조상 집단의 다양한 '섞임'의 결과인 것이지요. 우리는 약 4퍼센트 호모 네안데르탈렌시스입니다.

다름의 스펙트럼

인간은 집단생활을 하면서 문명을 일구었습니다. 다른 동물들보다 신체적으로 나약하지만, 집단을 이루어 그 약점을 보완했죠. 따라서 인간에게 소속은 그 무엇보다 중요했습니다. 집단에서 떨어져 나와 외톨이가 되는 순간 목숨이 위험해지기 때문이죠. 그래서 인간은 사회적으로 인종이나 민족, 국적 같은 집단을 만들고 그 안에서 소속감을 느낍니다. 그럴 때 마음의 안정을 얻고 자신의 역할을 찾지요.

그런데 집단에 대한 소속감이 때로는 집단에 속하지 않는 개체를 배척하는 모습으로 나타나기도 합니다. 앞서 든 예시들이 그랬죠. 하지만 앞에서 살펴봤듯이 과학은 인간을 백인과 흑인으로 딱 잘라 구분할 수 없습니다. 심지어 피부색은 가족 안에서도 모두 다르지요. 100퍼센트 한국인의 유전자를 갖는 한국인은 없어요. 100퍼센트 호모 사피엔스의 유전자를 가진 호모 사피엔스도 없고요.

즉, 적어도 생물학적으로는 100퍼센트의 순수함은 없습니다. 우리는 모두 뒤섞인, 혼합된 존재입니다. 그러므로 어떤 사람의 생김새나 특성이 우리 집단과 다르다고 해서 차별과 호기심의 시선을 받아야 하는 근거는 될 수 없습니다. 물론 경외심이나 동정심의 근거도 되지 못하지요. 만약 그런 생각이 조금이라도 든다면 '세계 인권 선언 제2조'를 읽어 보면서 평등의 의미를 되새겼으면 합니다.

"모든 사람은 인종, 피부색, 성, 언어, 종교, 정치적 또는 기타의 견해, 민족적 또는 사회적 출신, 재산, 출생 또는 기타의 신분과 같은 어떠한 종류의 차별이 없이, 이 선언에 규정된 모든 권리와 자유를 향유할 자격이 있다."

8. 정상이라는 환상

　이런 상상을 해 볼까요? 어느 날 갑자기 우리 반에 외계인이 전학을 왔습니다. 등에는 커다란 날개가 돋아 있고 머리에는 유니콘처럼 뿔이 나 있어요. 머리에 뿔도 없고 등에 날개도 없는 우리는 그 외계인을 보고 이렇게 생각할 거예요. "비정상이야."라고요. 비정상이란, 정상이 아닌 상태를 말합니다. 그렇다면 정상은요? 사전에서 찾아보면 정상이란 "특별한 변동이나 탈이 없이 제대로인 상태"를 이야기합니다. 지금 우리에게는 머리에 뿔이 없고 등에 날개가 없는 상태가 정상인 것이죠. 하지만 우리가 그 외계인 친구의 행성에 놀러 간다면 어떻게 될까요? 모두 등에 날개가 있고 머리에는 뿔이 있는 곳에서, 날개와 뿔이 없는 지구인은 당연히 '비정상'

일 것입니다. 그 행성의 외계인들에게 "너희는 비정상이구나."라는 말을 듣게 된다면 어떨까요? 아마 발끈하면서 "우리 지구에서는 우리가 정상이야!" 이렇게 대답하겠죠.

이처럼 정상과 비정상은 상대적인 개념입니다. 그런데 우리는 가끔 이것을 옳고 그름, 혹은 좋고 나쁨으로 생각할 때가 있어요.

정상과 비정상

다른 사람을 '비정상'으로 판단하는 요인으로는 겉모습이 크게 작용합니다. 다수와는 다른 어떤 외형적인 특징을 가지고 있으면 비정상이라고 여기는 것이지요. 이때 '비정상'을 '다름'으로 보지 않고 '틀림' 혹은 '나쁨'으로 보는 경우가 많습니다. 그 가장 대표적인 예가 19세기 제국주의 시대의 인종차별이지요.

전 세계로 세력을 뻗어 나가던 유럽인들에게 아프리카 원주민이나 아메리카 원주민은 낯설고 신기한 존재였습니다. 백인들에게 이들은 그야말로 '비정상'이었습니다. 그리고 유럽인들은 피부색, 언어, 행동 양식 등이 자신들과 다른 이들을 '사람'이 아닌 존재라고 여겼습니다.

그래서 유럽인들은 심지어 아프리카 원주민과 아메리카 원주민을 전시하고 구경하도록 했다고 합니다. 최초의 인간 동물원 사례는 1492년 콜럼버스가 신대륙 탐험의 증거로 6명의 아메리카 원주민을 스페인 궁정에 전시한 것이라고 알려져 있어요. 그들은 원주민들을 우리에 넣어 관람하다가 나중에는 원주민 마을을 만들어서 원주민들의 전통적인 삶의 방식을 구경했다고 해요. 이러한 인간 동물원 중 가장 큰 인기를 끌었던 곳은 1889년 파리 만국 박람회에서 아프리카 흑인 원주민 마을을 설치하여 전시한 '니그로 빌리지'였습니다. 무려 2800만 명이 이곳을 구경하기 위해 방문했다고 해요. 유럽에 겨울이 와도 원주민들은 그들의 전통적인 방식대로 살기를 강요당했다고 합니다. 목도리나 외투 등의 방한용품이 전혀 제공되지 않았다는 말이에요. 결국 많은 아프리카 원주민이 추위로 얼어 죽게 되었지요.

다 자란 성인의 평균 키가 130~150센티미터인 아프리카의 피그미족도 '비정상'으로 받아들여졌습니다. 피그미족 남성인 오타 벵가는 전쟁 후 노예가 되어 1904년 미국 세인트루이스 박람회의 '진화가 덜 된 사람들' 전시관에 갇힙니다. 이후 오타 벵가는 미국 브롱크스 동물원의 원숭이 우리에 전시되었습니다. 검은 피부, 나이 23세, 키 150센티미터, 몸무게 45킬로그램. 난생처음 본 동물 앞에 사람들은 먹이를 던지며 환호했지요. 1910년 인권운동가들의 항의로 풀려난 그는 교육을 받고 담배 공장에 취직해 평범하게 살아가려 노력하지만, 향수병과 우울증에 시달리다가 자살로 생을 마감하게 됩니다.

사람이 사람을 죄 없이 가
두고 구경하는 이런 끔찍한
일이 왜 일어난 것일까요?
당시 유럽인들이 생각하기
에 아프리카와 아메리카 식
민지 원주민들은 '정상'이
아니었기 때문입니다. 본인
들과 너무나도 다르게 생기
고, 말도 안 통하고, 생활 양
식도 달랐으니까요. '비정
상'인 것을 열등하게 여기고
'이상한' 것을 너도나도 구

1906년, 미국 브롱크스 동물원에 전시
된 오타 벵가의 모습.

경하면서 신기하게 생각할 뿐, 죄책감은 없었던 것이죠.

'야생형'이 아니면 비정상일까?

인간 동물원과 오타 벵가의 사례를 보면 공통점이 있습니
다. 이들이 유럽인이나 미국인에게 둘러싸여 있을 때는 그들

과 너무도 다른 모습과 행동 때문에 '비정상' 혹은 '이상하다'라고 여겨지지만, 그들의 고향으로 돌아가면 너무도 '정상'이라는 점입니다. 반대로 유럽인들이 아프리카나 아메리카로 가면 유럽인들이 '비정상'으로 여겨질 거예요. 상상해 보세요. 밝은 색 피부와 푸른 눈동자, 커다란 키와 얼굴에 주근깨가 있는 인간이 홀로 아프리카 원주민 사회에 등장한다면 얼마나 이상해 보이겠어요.

생명과학 용어 중에 '야생형'(wild type)이라는 말이 있습니다. 야생 집단 중에서 가장 높은 빈도로 나타나는 모습이나 성질을 말하지요. 우리나라에서는 검은 머리에 갈색 눈이 야생형입니다. 한편 아프리카의 피그미족에게는 검은 피부에 130~150센티미터의 키가 야생형이지요. 아메리카 원주민에게는 검은색 눈과 머리털, 구릿빛 피부색이 야생형이에요.

왜 집단마다 야생형이 다를까요? 각자가 처한 환경이 달라지면 생존을 위해 활발하게 발현되는 유전자가 달라지기 때문입니다. 각 민족과 부족이 적응해서 살아가는 환경에 따라서 생존에 가장 적절한 유전자들이 야생형을 이루게 되는 것입니다. 즉, 각 집단의 야생형이 서로 다를 뿐인 것이죠.

지구에서는 날개와 뿔이 없는 것이 정상입니다. 날개와 뿔이 있는 외계인은 비정상으로 받아들여지죠. 그렇다고 날개와 뿔이 있는 외계인이 나쁘거나 틀린 것은 아닙니다. 다만 우리의 야생형과 다른 것이죠.

하지만 여전히 세계 곳곳에서는 인종과 민족, 국적, 생김새 등으로 다른 이들을 차별하고 혐오하는 일이 벌어지고 있습니다. 19세기의 제국주의자들과 같은 잘못을 우리도 저지르고 있는 것은 아닌지 돌이켜 봐야겠습니다.

돌연변이는 자연스러운 현상

사람들이 비정상이라고 여기는 생물학적인 현상이 또 있습니다. 바로 '돌연변이'입니다. 한 집단에서 그 집단의 야생형과 다른 특징이 나타나는 경우를 '돌연변이'라고 합니다. 온몸 또는 몸 일부에서 멜라닌 색소를 만들지 못해 머리카락을 비롯한 털과 피부색이 흰색인 알비노(백색증)나, 선천적으로 두 눈의 색이 다른 홍채 이색증 등이 돌연변이입니다. 유전적으로 다른 것이 나타나서 생기는 것이지요.

많은 이들이 돌연변이를 '비정상'으로 여깁니다. 어느 집

홍채 이색증을 가진 고양이는
'오드 아이'라고 불립니다.

단의 야생형은 '정상'이고 돌연변이는 '비정상'이 되는 것이
지요. 그리고 더 나아가 돌연변이를 열등하고 배척해야 하는
존재로 여기기도 합니다. 일부 문화에서는 알비노인 사람들
마녀로 몰아 학대하거나, 신체를 훼손해 주술용으로 거래하
는 끔찍한 일이 벌어지기도 합니다.

하지만 돌연변이는 모든 생명체에서 나타나는 자연스러운

현상입니다. 때로는 그 돌연변이가 인간을 살리기도 하지요. 주변 환경이 갑자기 변화할 때 일부 돌연변이로 인해서 생물은 환경에 적응하고 살아남을 수 있어요. 같은 생물 집단 내에도 변화하는 환경에 더욱 적합한 유전자를 갖는 개체가 있고 그들이 살아남는 과정을 반복하면서 지금까지 진화가 이루어진 것이죠.

현생 인류에게 나타나는 돌연변이 중 돌연변이가 더 환경에 유리한 경우는 여럿 있습니다. 아기는 태어나서 모유나 우유를 먹고 자랍니다. 그런데 성인 중에는 간혹 우유를 먹으면 설사를 하거나 소화 불량을 겪는 사람들이 있어요. 우유의 주성분이 젖당인데, 아기일 때는 젖당을 분해하는 효소가 많이 만들어지지만, 성인이 되면서 젖당 분해 효소가 잘 만들어지지 않기 때문이지요. 그런데 특이하게도 중동 지역 사람들은 성인이 돼서도 우유를 잘 마시고, 설사도 하지 않는다고 해요. 오랜 세월 낙타의 젖을 주식으로 먹다 보니 이들의 몸에 특별한 변화가 생긴 겁니다. 낙타 젖이나 우유를 먹어도 소화가 잘되도록 젖당 분해 효소가 성인에게도 활발히 작동하게 된 것이죠.

말라리아가 창궐하는 아프리카의 일부 지역 사람들은 말라리아에 잘 걸리지 않는다고 해요. 일반적인 적혈구는 동그란 모양이지만, 이들의 적혈구는 낫 혹은 초승달 모양이기 때문이에요. 말라리아를 일으키는 원충은 인간의 적혈구 안에서 증식하고 병을 일으켜요. 적혈구는 말라리아 원충의 입장에서 일종의 집 역할을 하는데, 낫 모양의 적혈구는 상대적으로 집의 크기가 작아서 말라리아 원충이 잘 증식하지 못하기 때문이죠. 물론 낫 모양의 적혈구는 일반 적혈구보다 크기가 상대적으로 작아 산소를 잘 운반하지 못해 빈혈이 발생하기 쉽다는 문제가 있어요. 그런데도 아프리카 일부 지역에서는 빈혈보다 사망률이 높은 말라리아 감염을 피하려고 이런 돌연변이가 일어나기도 하는 것입니다. 이처럼 각각의 사람들이 처한 환경에서 생존에 유리한 변화를 이끈 원동력이 바로 돌연변이입니다.

절대적인 '정상'의 기준은 없다

우리는 같은 인간이기 때문에 서로 비슷한 DNA 서열을 갖습니다. 하지만 100퍼센트 일치하지는 않지요. 인간의 유전 정보를 담은 30억 개의 DNA 서열에는 약 1,000개당 1개꼴로 변이*가 발생해요. 즉, 사람마다 특정 부분에 서로 다른 DNA 서열이 존재하고, 이에 따라 개인의 유전적인 차이가 나타나지요. 그중에서 어떤 사람은 우연히 생존에 치명적인 돌연변이를 갖고 태어나기도 하고, 어떤 사람은 생존에 미치는 영향이 미미하거나 오히려 유익한 돌연변이를 갖고 태어날 수도 있어요.

이처럼 모든 사람의 DNA 서열이 다르다면, 최소한 DNA 수준에서는 누구의 것이 '정상'이고 누구의 것이 '비정상'인가를 구분하기 어렵습니다. 물론 편의상 인간의 표준 DNA 서열이라고 부르는 것이 있기는 하지만, 단지 자연적으로 더 많이 관찰되는 야생형일 뿐 그것이 절대적인 '정상'의 기준이라는 과학적 근거는 없어요.

* '변이'(variation)는 같은 종의 개체 사이에서 나타나는 형질이 다른 것을 말하고, '돌연변이'(mutation)는 생물체에서 어버이에게는 없던 새로운 형질이 나타나는 현상을 말합니다. 돌연변이는 진화의 원동력이 되기도 하지만 대부분 생존에 불리하게 작용하기 때문에 부정적인 이미지로 받아들여지는 경우가 많습니다.

우리는 다른 사람과 비교할 때 모두 다릅니다. 우리는 속한 집단에 따라서 겉모습과 행동 양식이 서로 다르고, 유전자나 DNA 서열 수준에서는 모든 인간이 서로 다르지요. 나와 내 집단을 '정상'으로, 나와 다른 사람을 '비정상'으로 여기는 시각이 얼마나 '비정상'적인지 되돌아보았으면 좋겠습니다.

9. 우리의 유전자는 이기적일까?

　여러분은 여러분의 가족을 사랑하나요? 네,라고 당장 얘기할 수도 있고 조금 고민이 될 수도 있지만 그래도 사랑한다고 치죠. 그렇다면 왜요? 왜 사랑하나요? 저 멀리서 잘못 찬 공이 친구에게 날아온다고 해 볼게요. 순간적으로 그 공을 막아서서 대신 맞았지요. 나는 왜 그 공을 대신 맞았을까요? 화재 사고에서 남아 있는 사람을 위해 불길로 다시 뛰어든 소방관이나 철로에 떨어진 아이를 구하기 위해 뛰어내린 역무원이 뉴스에 나오기도 합니다. 가슴이 뭉클해지고 고마운 일입니다.

　과학자들은 궁금했어요. 왜 가족이나 친구를 위해, 혹은 다른 모르는 이를 위해 희생할까? 사랑, 우정, 인류애 그런 거 말고 혹시 어떤 다른 이유가 있는 것은 아닐까? 그리고 이런 사실을 밝혀냅니다. 인간과 동물의 많은 행동은 유전자, 그것도 '이기적인' 유전자에 의해 설명될 수 있다고요.

과학자들은 유전자라는 새로운 관점으로 인간과 동물의 행동을 들여다보기 시작했습니다. 그리고 새롭고 신기한 세상을 발견했지요. 어떤 세상인지 함께 살펴보겠습니다.

이기적인 유전자

1976년, 영국의 진화 생물학자 및 동물 행동학자 리처드 도킨스는 1976년에 세상을 깜짝 놀라게 할 개념을 소개합니다. 바로 '이기적 유전자'라는 개념이었죠.

"유전자가 스스로 생각하고 판단하는 뇌를 가진 것도 아니고, 자아가 있는 것도 아닌데 도대체 어떻게 이기적일 수 있다는 거야?"라는 의문이 들기도 할 거예요. 물론 유전자가 의지를 갖고 직접적으로 행동하는 건 아니에요. 도킨스는 유전자가 우리 인간을 비롯해 모든 동물, 식물, 미생물 등 유전자를 담고 있는 생물의 몸속 자원을 사용해서 자기를 최대한 많이 복제하는 전략을 취한다고 설명했어요. 후대에 자신을 최대한 많이 남기기 위해서 말이죠. 그 과정에서 모성애, 공격성, 협력과 경쟁 같은 생물의 행동들이 일어나게 돼요. 결국 생물이 진화하도록 이끄는 주인공은 생물 자체가 아니라 '유전자'라는 뜻이죠. 이처럼 유전자의 관심사가 우리 인간의 건강이나 행복이 아니라 오직 자기 복제에 있으므로 도킨스는 유전자를 '이기적'이라고 표현했어요.

요컨대, 유전자가 이기적이라는 말은 인간이 이기적이라는 뜻이 아니에요. 여기서 유전자가 '이기적'이라는 표현은 인간이 자기 유전자에 각인된 최선을 위해서 행동한다는 의미입니다. 이기적 유전자를 많이 남길 수 있는 특정한 상황이 되면 인간이 다른 인간을 위해 희생하는 이타적인 일이 일어나기도 하는 거예요.

하지만 사람들은 도킨스가 유전자가 이기적이기 때문에 인간도 이기적으로 행동한다고 설명한 것으로 오해했어요. 우리는 '이기적'이라는 표현을 일반적으로 주변 사람들에게 손해를 끼치면서 자신의 이익만을 챙기는 상황에 주로 사용하면서 대단히 나쁜 것으로 이해하기 때문이죠. 그래서 도킨스는 처음 이 개념을 주장할 때 '협력적 유전자', 혹은 '불멸의 유전자'라고 하지 않은 것에 대해 상당히 후회한다고 밝혔어요.

가족을 사랑하는 이유

그렇다면 우리가 가족을 사랑하는 이유는 뭘까요? 바로 유전자 때문이라고 볼 수도 있지요. 즉, 내가 가족을 아끼고 사랑하는 이유는 사실은 가족들이 나와 비슷한 유전자를 가지고 있기 때문이라는 거예요.

엄마와 아빠는 자식에게 유전자를 절반씩 물려주므로 부모와 자식 간에는 유전자를 50퍼센트 공유합니다. 한편, 형제나 자매가 부모에게서 서로 같은 유전자를 물려받을 확률은 0~100퍼센트예요. 그래서 평균적으로 서로 유전자를 50퍼센트 공유하지요. 우리가 공유한 유전자 때문에 가족끼리 사랑하는 거라면, 부모님이나 형제자매가 나를 위해 희생하는 이유를 알 듯하지요. 그리고 나와 유전자를 많이 공유하는 사이일수록, 즉 가까운 친척일수록 나를 위해 희생하려는 정도도 클 것입니다.

이와 관련된 유명한 이야기가 있어요. 1900년대 영국의 유전학자 잭 홀데인은 "남을 위해 자신의 목숨을 버릴 수 있느냐?"라는 질문을 받았다고 합니다. 홀데인은 즉시 "내가 만일 형제 둘이나 사촌 여덟의 목숨을 동시에 구할 수 있다면

내 목숨을 버릴 용의가 있을지도 모르겠다."라고 답했다지요. 이건 무슨 소리일까요?

앞서 형제자매 간에는 유전자를 평균 50퍼센트 공유한다고 말했지요. 그러니 형제 둘의 유전자를 합하면 100퍼센트가 됩니다. 한편 나와 어머니의 관계가 50퍼센트이고, 어머니와 이모의 관계가 또 50퍼센트이고, 이모와 그의 딸의 관계가 역시 50퍼센트이니 모두 곱하면 나와 내 이종사촌은 평균적으로 12.5퍼센트, 즉 8분의 1의 유전자를 공유하지요. 그래서 사촌 여덟의 유전자를 합하면 100퍼센트, 즉 내 유전자만큼 된다는 뜻입니다. 홀데인은 자신의 유전자가 100퍼센트 살아남을 수 있다면 자신이 희생을 할 수도 있다고 말한 것이지요.

그래서 이 모습을 지켜보던 과학자들은 '유전자는 자신이 어느 몸을 빌리고 있든 간에 자신의 생존에만 신경을 쓰는 이기적인 존재이며, 생물의 몸은 유전자를 보존하기 위한 수단에 불과할 뿐'이라고 설명하기도 했어요. 즉, '사랑'은 자신의 유전자를 후대에 남기기 위한, 유전자 위주로 보면 '이기적인' 행동일 뿐이라는 뜻이에요. 인간이 아이를 낳는 것이 자신의 유전자를 남기기 위해 프로그램된 행동이라는 과학적

주장도 있어요. 나를 비롯한 생물은 언젠가는 죽지만, 유전자는 생물의 번식을 통해 계속 지구상에 살아남을 수 있기 때문이죠.

이기적 유전자가 생물이 서로를 돕고 자신을 희생하는 이타적 행동을 하게 만든다는 설명은 일부 곤충들의 행동을 보면 더욱 잘 이해됩니다. 자기보다 몇 배나 큰 적이 개미집을 공격하자 곧바로 달려드는 흰개미, 자기 몸을 폭파해서 적의 침입을 막는 아교수류탄 개미, 여왕벌을 위해 평생 일만 하는 벌 등의 세계는 경이롭기까지 하지요. 왜들 이렇게까지 하냐고요? 이들은 대부분 하나의 여왕에게서 태어난 자매들로 서로 평균적으로 유전자의 75퍼센트를 공유하고 있으니까요. 인간보다 더 많은 양의 유전자를 공유하고 있으니 우리 인간보다 더 끈끈한 가족 간의 사랑과 희생을 보여 주는 것은 아닐까요?

가족이 아닌 사람이 왜 날 위해 희생할까?

소방관은 불이 났을 때 희생을 무릅쓰고 불을 끄고 그 집에 살던 사람들을 구합니다. 한 역무원이 철로에 떨어진 어린

이를 구하기 위해 자신의 두 발목을 희생한 사건도 있었지요. 이렇게 거창한 예가 아니더라도 나와 내 친구들은 유전자를 공유하지는 않았지만, 의리가 있고 서로 어려움에 부닥쳤을 때 기꺼이 도와줄 의사가 있지요. 나와 비슷한 유전자들의 생존만을 신경 쓴다면 이렇게 남을 위해 희생하거나 돕는 사례들은 설명이 어렵습니다.

그러나 사실은 인간이 다른 인간을 위해 희생하는 이타적인 행위마저도 유전자 수준에서 보면 자신과 비슷한 유전자를 가능한 한 많이 남기려는 '유전자의 이기적인 행위'라고 설명할 수 있어요. 이 과정에서 가장 흔히들 오해하는 것은, 소방관이 자신을 희생하는 것은 타인의 생명을 살리고 영웅이 되어 자신을 드높이려는 이기심 때문이라고 여기는 것입니다. 이기적 유전자의 관점에서 설명하자면 소방관이 타인을 위해 희생하는 행동은 영웅 심리나 이타주의 때문이 아니라, 타인을 위해 희생하도록 하는 유전자 때문이에요. 지구상의 60억 인구 중에서 아무나 두 사람을 선택해 DNA를 분석하여 비교하면 99.9퍼센트가 서로 같고 단지 0.1퍼센트의 차이가 있다고 해요. 가족이 아니더라도 나와 DNA가 99.9퍼센트 같은 다른 사람을 위해 희생하는 것이 인류 전체 유전자 집단의 입장에서는 이익이 될 수 있다는 말이에요. 예를 들어, 보초를 서는 미어캣은 독수리를 발견하면 큰 소리로 경고를 보냅니다. 이 소리 때문에 정작 자신은 독수리에게 잡아먹힐 위험에 가장 크게 노출되지만, 위험을 알린 미어캣의 행동이 집단을 보존함으로써 자신과 비슷한 유전자를 후세에 남기는 데 이바지하게 됩니다.

이렇듯 개체 수준의 이타주의는 유전자 차원에서의 이기주의로 설명할 수 있어요. 즉, 유전자는 자신이 몸담은 한 명 한 명의 사람이나 생물 자체에는 관심이 없어요. 그건 그냥 유전자를 보존하기 위한 수단에 불과하니까요. 유전자 자체가 스스로 살아남고자 하는 욕망을 가진 것이 아니라, 자기 유전자를 후대까지 보존하는 쪽으로 행동하게끔 생물이 프로그램되어 있을 뿐이지요.

죄수의 딜레마

'죄수의 딜레마 게임'은 타인끼리 돕고 희생하는 것이 궁극적으로 모두에게 이익이 된다는 것을 증명해 줍니다. 경찰이 두 명의 범죄자를 체포하여 각각 독방에 가두었습니다. 하지만 두 명의 공범의 범죄를 입증할 증거가 부족한 상황이지요. 이때 경찰은 두 범죄자에게 같은 제안을 합니다.

"두 명 모두 범죄에 대해 묵비권을 행사하면 3일간 감옥에 갇혔다가 풀려날 것입니다. 반대로 두 용의자가 모두 범죄를 자백하면 유죄가 확정되어 각각 1년의 징역을 살아야 합니다."

이때 한 명은 범죄에 대해 입 다물고 다른 한 명은 인정할 경우, 인정한 용의자는 수사에 협조한 대가로 즉시 풀려나고 상대편에게는 괘씸죄가 적용되어 5년의 징역을 살게 됩니다. 자신만 묵비권을 행사하여 혼자만 손해 볼 것을 두려워한 용의자들은 각각 범죄를 자백하게 됩니다. 결국 두 용의자가 협력하면 3일만 갇히면 될 것을, 서로 배신해서 1년씩 징역을 살게 되지요.

그런데 이런 죄수의 딜레마 게임이 한 번이 아니라 계속 반복된다면 어떤 일이 일어날까요? 과학자들이 컴퓨터로 이 실험을 반복하자 가장 우월하게 떠오른 전략은 바로 '맞대응'(tit-for-tat)이었다고 해요. 즉, 처음에 내가 협력했는데 상대가 배신하면 다음 번에는 배신으로 보복하고, 상대가 협조하면 다음에 협조로 보답하는 전략이지요.

이 전략을 취하는 대표적인 예로 코스타리카의 흡혈박쥐가 있습니다. 이들은 집단으로 서식하지만, 유전적으로 친척은 아니에요. 동물의 피를 빨아먹고 살기 때문에 며칠 동안 피를 먹지 못하면 굶어 죽습니다. 그런데 이 박쥐들은 동료가 피를 구하지 못하면 피를 많이 빤 박쥐가 배고픈 박쥐에게 피를 나누어 준다고 해요. 피를 나누지 않는 인색한 박쥐가 번성하면 어떻게 하냐고요? 과학자들은 이들이 집단으로 서식하므로 자주 마주치고, 피를 많이 먹으면 배가 불룩해져서 자신이 피를 구한 사실을 숨길 수 없으며, 심지어 다른 박쥐가 과거에 피를 나누어 준 적이 있는지 기억할 수 있다는 사실을 밝혀냈습니다. 그러니까 욕심부리는 박쥐는 배고플 때 동료들로부터 피를 받을 수 없게 되므로 오히려 소외되고 도태될 수밖에 없죠.

이것과 마찬가지로 모든 인간의 '유전자'는 죄수의 딜레마 게임이 반복되자 묵비권을 행사하고 징역 3일을 받는 쪽을 선택했어요. 두 사람의 협력이 서로에게 최고의 선택이기 때문에, 위험이 발생했을 때 자신이 몸담은 사람을 살리는 데만 집중하는 게 아니라 얼굴도 모르는 다른 사람의 유전자를 위해 희생도 하는 것이죠. 비록 그것이 나를 희생하고 그 사람을 돕는 행동일지라도 서로 보복함으로써 상황을 악화시키는 비극을 막기 때문이에요. 결국 나와 다른 사람은, 몸은 별개의 존재이지만 유전자로 인해 서로 연결된 존재라고도 말할 수 있습니다.

유전자가 전부는 아니다

지금까지 우리는 인간과 동물의 행동을 이기적인 유전자의 입장에서 살펴보았습니다.

"아니, 모성애나 사랑 등의 감정이나 자기희생 같은 이타적 행동들도 그 근원은 유전자의 이기적인 생존 전략에 있다는 말이야?"라며 불쾌한 기분이 들지는 않나요?

하지만 과학자들은 우리 인간이 유전자의 생존 기계로서 존재하는 것만은 아니라는 것 또한 밝혀냈어요. 우리가 단순히 집배원처럼 다음 세대에 유전자를 전달해 주는 게 아니라, 환경과 상호 작용하면서 시대에 따라 의식이나 도덕적 가치관을 바꾸어 나가는 의식적인 행위의 주체라는 뜻이에요. 즉,

우리는 본성에 의해서만 움직이는 것이 아니라 '의식'에 의해서도 움직이죠. 그래서 과거에 옳았던 행위가 지금은 옳지 않은 것으로 평가되고, 사람들은 이에 기초해서 옳고 그름을 판단하여 행동할지 말지를 스스로 결정합니다. 인간이 왜 서로 사랑하고 서로를 위해 희생하는지 유전자의 관점에서 살펴보는 것도 흥미롭지만, 의식을 가진 너와 내가 얼마나 중요한지 다시금 깨닫게 되는 시점입니다.

10. 내가 할 수 있는 일, 네가 할 수 있는 일

　침대에서 뒹굴뒹굴하며 핸드폰 게임을 하거나 친구와 채팅을 하는 모습을 본 부모님들은 한마디씩 하십니다. "너 나중에 뭐가 되려고 그러니?"라고 말이죠. 지금까지 숙제도 하고 공부도 하다가 잠깐 쉬는 건데 저런 말을 들으면 좀 억울하기는 하지만, 가끔 스스로도 이런 생각이 들기도 합니다. "나는 나중에 사회에서 어떤 역할을 하는 사람이 될까?" 그리고 솔직히 걱정되기도 합니다. 특출나게 잘하는 것도, 특별히 좋아하는 것도 없는 것 같거든요.

　하지만 생태계에서 모든 존재는 자신의 역할이 있습니다. 그리고 각자의 역할을 충실히 맡아서 하기 때문에 지구 생태계가 원활하게 돌아가는 것이죠. 모두들 어떤 역할을 하고 있는지 알아볼까요?

세포들은 각자의 역할이 있다

우리 몸 안의 세포는 다양한 분야에서 각자의 능력을 발휘하며 협력해서 하나의 시스템을 만들어 가고 있어요. 인간의 몸은 약 30조 개의 세포로 구성됩니다. 각각의 세포들은 집을 지을 때 설계도에 해당하는 유전자를 모두 똑같이 갖고 있어요. 다만 각 세포가 어디에 위치하느냐에 따라 발현되는 유전자가 달라서 세포마다 다른 모습을 갖게 되지요. 눈에 위치하면 안구가 되고, 발끝에 위치하면 발가락이 되는 거예요. 마치 모든 집에 같은 요리책과 김치가 있어도, 요리를 맡은 사람의 결정과 판단에 따라 김치찌개를 만들지 김치전을 만들지 달라지는 것처럼 말이죠.

그 결과 세포들은 감각, 운동, 생식 등의 서로 다른 역할을 분담하며 우리 몸 안에서 활발히 활동합니다. 신경 세포는 세포들 사이에서 신호를 전달하며 의사소통을 담당합니다. 약 1.5킬로그램 정도인 뇌에는 약 천억 개의 신경 세포가 활동하는데, 이들이 서로 소통할 때 우리는 학습이나 기억과 같은 놀라운 인지 기능을 발휘하게 되지요.

우리 몸의 피를 구성하는 세포들도 역할을 분담해 각자의 자리에서 일하고 있습니다. 혈액 줄기 세포라고도 불리는 조혈모세포는 적혈구, 백혈구를 비롯한 모든 종류의 혈액 세포를 열심히 만들어요. 그로부터 태어난 적혈구는 우리 몸 곳곳에 산소를 운반하고 이산화탄소를 제거해 주죠. 또한 백혈구는 온몸을 돌아다니면서 침입자를 발견하면 전투를 벌이며 주변에 비상 상황임을 알려요. 그리고 항체를 만들어서 침입자를 무력화하고, 침입자의 정보를 기억해 두었다가 다음 침입을 대비하기도 하지요.

소화 기관도 마찬가지예요. 위를 구성하는 세포 중 주세포는 단백질 분해 효소를 만들어서 분비하고, 방세포는 위산(염산)을 분비해서 효소의 작용을 돕고 세균을 죽이기도 해요. 부세포는 끈적끈적한 점액을 만들어 분비함으로써 위벽을 보호하지요. 이처럼 여러 종류의 세포는 협력하고 균형을 맞추면서 우리 몸을 지키거나 제대로 기능하도록 돕지요.

동물 무리 안에서의 역할 분담

무리 지어 사는 동물들을 살펴보면, 우리 몸의 세포들처럼 서로 협력해서 하나의 시스템을 이루는 예를 얼마든지 찾을 수 있어요. 사자나 소, 코끼리도 서로 집단을 이루며 살지요. 그리고 그 무리 안에서 각기 사냥, 육아, 통솔 등을 담당하는 개체가 따로 있습니다.

그중에서도 가장 특이한 형태를 보이는 것은 바로 '진사회성 동물'입니다. 진사회성 동물이란 여왕벌이나 여왕개미처럼 특정 개체만 번식을 담당하고 나머지 개체들은 집단 전체

병정개미

수개미   여왕개미

노는 개미

일개미

를 위해 각자 다른 역할을 분담하는 동물을 말합니다. 자식을 낳는 것마저 그 업무를 도맡은 개체가 전담해서 수행하는, 그야말로 역할 분담의 '끝판왕'이지요. 대표적인 진사회성 동물에는 개미가 있습니다. 개미는 여왕개미, 수개미, 병정개미, 일개미가 일을 분담하며 집단을 유지합니다. 여왕개미와 수개미는 새로운 서식처를 찾고 번식을 담당합니다. 일개미는 알과 애벌레를 보살피고 식량을 모으는 등의 일을 하지요. 병정개미는 적으로부터 집과 가족을 지키고 사냥을 하기도 합니다.

포유류 중에도 진사회성 생활을 하는 녀석이 있어요. 바로 아프리카에 서식하는 벌거숭이두더지쥐입니다. 적게는 십여 마리에서, 많게는 100마리가 넘는 개체가 집단을 이루어 살아가는 벌거숭이두더지쥐 가족에서도 역시 여왕만이 번식을 담당하지요. 또한 여왕과 짝짓기 하는 일부 수컷을 제외한 나머지 수컷과 암컷은 여왕이 낳은 새끼를 기르고 먹이를 구하며 보금자리에 침입하는 다른 동물과 싸운다고 합니다.

바다에서도 진사회성 동물을 찾을 수 있어요. 세이마뿔딱총새우류에 속하는 딱총새우는 여왕새우 한 마리와 수십에서 수백 마리의 수컷이 집단을 이룬다고 해요. 어른 수컷들은 병정개미처럼 어린 새우들을 외부의 천적으로부터 보호하는 역할을 하고, 번식은 오로지 여왕새우만이 하지요. 한편, 이들은 해면(sponge) 속에 살면서 바닷물에 딸려 들어온 플랑크톤을 먹고 살기 때문에 따로 먹이를 구할 필요가 없다고 해요.

게으름뱅이의 비밀

그런데 집단 내에서 모두가 자기의 맡은 역할을 열심히 하는 것만은 아닙니다. 누군가는 게으름을 피우고 제대로 일을 하지 않지요. 늘 성실하게만 보이는 개미 집단에도 놀랍게도 '노는 개미'가 발견됐다고 해요. 심지어 20~30퍼센트에 이르는 다수의 개미가 항상 일하지 않는 것으로 밝혀졌지요. 흥미로운 것은 일하는 개미만을 따로 모아 집단을 구성하면 그 중 20~30퍼센트의 개미는 논다는 것입니다. 반대로 일하지 않는 개미만을 모아 집단을 구성하면 20~30퍼센트를 제외한 나머지 개미들이 일하기 시작한다는 사실이 확인됐습니다.

2016년에 일본의 연구팀에 의해 바로 이 '노는 개미'의 역할이 밝혀졌어요. 노는 개미들은 일하는 개미들이 피로가 쌓였을 때 그 개미들을 쉬게 하고 그들 대신 일을 한다고 해요. 즉, 개미 집단에서 일하지 않고 노는 개미가 항상 일정 비율을 유지하는 것은 집단을 더 오래 보존하기 위한 수단이라는 사실이 밝혀진 것이죠.

심지어 인간의 몸속에 생겨나는 암세포 역시 다른 부위로 전이할 때 이런 전략을 취한다고 해요. 맨 앞의 암세포들이 조직을 뚫고 나가서 새로 뿌리내릴 자리를 찾다가 에너지를 너무 많이 쓰면, 뒷줄에서 에너지를 비축해 온 다른 세포들과 교대하는 방식으로 말이죠. 마치 팀별로 겨루는 장거리 사이클 경주에서 공기 저항을 가장 많이 받는 선두 자리를 같은 팀의 선수들이 돌아가며 맡는 것과 비슷하지요. '노는 것'은 꾀부리고 게으름 피우는 게 아니라 사실 서로의 역할을 나눠 맡고 있었던 것입니다.

생태계 전체의 공생이란?

앞서 살펴본 세포와 동물 무리에서 범위를 확장하여 생태계 전체를 보더라도 그 안에서 역할 분담이 이루어집니다. 우리 인간도 이 안에서 중요한 역할을 감당하고 있지요. 식물은 햇빛을 이용해 물과 이산화탄소로부터 스스로 양분을 만드는 생산자의 역할을 합니다. 그 식물을 먹는 초식 동물과 초식 동물을 먹는 육식 및 잡식 동물들은 소비자가 되지요. 생산자와 소비자가 죽으면 곰팡이와 세균 등의 미생물은 이들을 분해하여 다시 물질이 순환하게 만드는 분해자의 역할을 합니다. 이렇게 먹이와 생활 방식에 따라 생태계 구성원들의 역할은 자연스레 나뉘지요.

자신의 맡은 임무를 수행하면서 협조하고 상호작용하는 가운데 생태계의 구성원들은 '공생'이라는 관계를 맺게 됩니다. 보통 공생이라고 하면 서로 이익을 주고받는 관계만을 생각하는데요, 하지만 어떤 공생 관계에서는 한쪽에게만 도움이 되고 다른 한쪽에는 이익도 불이익도 없는 관계도 있어요. 그러한 '편리 공생'의 대표적인 예가 황로와 초식 동물 간의 관계입니다. 황로는 소와 같은 초식 동물이 풀을 뜯어 먹거나 움직일 때 놀라서 도망치는 벌레들을 잡아먹어요. 황로는 소 덕분에 벌레를 쉽게 잡을 수 있지만, 소에게는 피해도 이득도 없지요.

서로 이익을 주고받는 '상리 공생'의 대표적인 예는 바로 흰동가리와 말미잘의 관계지요. 흰동가리는 바닷속을 헤엄치면서 스스로 큰 물고기들의 미끼가 됩니다. 그러다 상대가 자신을 잡아먹으려고 하면 재빨리 말미잘 속으로 몸을 숨기지요. 흰동가리를 쫓아온 큰 물고기는 독이 있는 말미잘 촉수에 쏘여 말미잘의 먹이가 돼요. 하지만 흰동가리에게 말미잘의 독은 전혀 해롭지 않아요. 오히려 말미잘은 흰동가리에게 편안한 보금자리를 제공하지요. 말미잘 속에 둥지를 튼 흰동가리는 병든 촉수를 제거하고 청소해 주면서 천적들로부터 안전하게 살아갑니다.

내가 잘할 수 있는 일과 네가 잘할 수 있는 일

인간도 마찬가지입니다. 우리의 다양한 유전자만큼이나 지능도 신체 구조도 다양하지요.

미국의 심리학자 하워드 가드너는 다중 지능 이론이라는 것을 내놓았습니다. 그는 지능에는 언어 지능, 논리-수학 지능뿐만 아니라 시각-공간 지능, 음악 지능, 신체 운동 지능, 대인 관계 지능, 자기 성찰 지능 및 자연 탐구 지능까지 8가지

종류가 있다고 주장했어요. 동식물을 관찰하여 특징을 잘 찾고 분석을 잘하는 사람은 자연 탐구 지능이 높은 사람입니다. 음의 높낮이를 잘 구분하고 박자를 맞추는 데 탁월한 사람은 음악 지능이 높은 사람이지요.

이렇게 사람들의 지능의 종류와 발달 정도가 모두 다른 이유는 각자 부모님께 물려받은 유전자와 그들이 자란 환경, 교육의 정도, 영양 상태 등이 전부 다르기 때문입니다. 그 결과 사람들은 언론, 문화 예술, 체육, 건축, 공학, 과학 등 다양한 분야에서 각자의 재능을 발휘하며 역할을 분담하고, 나아가 커다란 사회 시스템이 원활하게 돌아가도록 만들지요.

이렇게 사람마다 재능이 다르니 내가 잘할 수 있는 일과 네가 잘할 수 있는 일이 분명 달라질 것입니다. 그러므로 내가 모든 걸 잘할 수도 없고, 다른 사람보다 어느 하나를 못 한다고 해서 속상하거나 기죽을 필요도 없습니다. 물론 우리 주변에는 외모와 체력, 인성, 그리고 전 과목의 성적에서 모두 두각을 나타내는 친구들이 있기도 해요. 그러나 다방면으로 재주를 가진 사람이라 하더라도 정해진 시간에 혼자 모든 업무를 다 해낼 수 없습니다. 그래서 더더욱 우리는 세포나 생태계의 구성원들처럼 협력하고 상호 의존하는 관계를 맺을 수밖에 없지요.

모든 것을 잘하려고 부담 갖지 마세요. 남들이 잘하는 분야를 나만 못한다고 스스로 다그치지 마세요. 그 대신 여러분이 흥미와 호기심을 갖고 재능을 보이는 자신만의 지능을 찾으세요. 그 지능과 관련된 분야를 발전시키고 맡은 역할을 잘 수행할 때, 인간 사회라는 거대한 시스템이 원활하게 돌아가도록 역할을 분담하고 있는 한 명 한 명이 얼마나 중요한지 비로소 깨닫게 될 거예요.

마치며

    청소년기는 많은 고민과 생각에 빠지기 시작하는 때입니다. 물론 저도 마찬가지였어요. 나는 누구이고, 어디서 와서 어디로 가는지, 무엇을 위해 사는지, 행복이란 무엇인지 같은 궁극적인 질문을 나 자신에게 던지고 삶의 목적을 탐색하면서 한껏 진지해졌지요. 물론 그 답을 찾는 과정은 정해져 있지 않습니다. 사람마다 다양하지요. 친구들과의 대화에서, 학교생활에서, 종교에서, 혹은 책을 통해서 찾기도 하지요.

    그 시기를 먼저 헤쳐 온 선배로서, 여러분이 끝없는 사색 과정에서 나만의 답을 찾는 데 도움이 되길 바라는 마음에서 이 책을 썼습니다. 특히 생명 현상과 원리를 다루는 생명과학은 우리 자신을 스스로 이해하고 삶에 관한 질문의 답을 찾는 과정에서 새로운 시각과 관점을 제시해 줄 수 있는 매력적인 도구가 될 것으로 생각합니다.

그래서 청소년기의 고민을 크게 두 가지로 나누어 생명과학의 관점에서 살펴보았습니다. 1부에서는 나의 정체성과 시작, 기원 등을 알아보며 나를 탐색하고, 2부에서는 다름과 평등, 존재의 가치에 대해 다루며 우리를 탐색했습니다. 우리가 함께 살펴본 열 가지 주제를 통해 여러분이 인간의 가치와 생명의 소중함에 대해 인지하는 계기가 되길 바랍니다. 또한 그 경험을 디딤돌 삼아 발전적이고 긍정적인 사고를 하며 자신이 좋아하는 것을 탐색하고 잠재력을 발견하는 성장의 기회로 삼길 바랍니다.

책이 나오기까지 고마운 사람들이 많습니다. 이 글이 저자의 독백이 되지 않고 독자와 교감하는 장이 되도록 세심하게 살피고 오류를 검토해 준 창비 정소영, 김보은 편집자님과 편집부, 수업 시간에 엉뚱한 질문들로 생명과학의 학문적 시각에서 인간을 들여다볼 기회를 만들어 준 부천북중, 원종고, 마송고 제자들, 그로부터 시작된 사색의 씨앗들을 소중히 여기고 글로 발전시킬 수 있도록 독려해 준 남편 박호진과 내 아이의 청소년기를 미리 이해하고 준비하도록 목표가 되어 준 내 작은 심장 온유와 집필 과정에서 몸과 마음이 힘들 때마다 든든한 버팀목이 되어 주신 이광선, 박재성 님께 감사드립니다. 마지막으로 나의 시작이자 전부이고, 인생의 선배이자 친구인 부모님께 이 책이 작은 기쁨이 되길 진심으로 바랍니다.

2023년 봄

이고은

참고 문헌 및 이미지 출처

단행본

리처드 도킨스 『이기적 유전자』, 을유문화사 2018.

장대익 『다윈의 식탁』, 김영사 2008.

논문

Alexis Bédécarrats, Shanping Chen, Kaycey Pearce, Diancai Cai and David L. Glanzman. "RNA from Trained Aplysia Can Induce an Epigenetic Engram for Long-Term Sensitization in Untrained Aplysia", *eNeuro* 5(3), 2018.

Chun Siong Soon, Marcel Brass, Hans-Jochen Heinze, John-Dylan Haynes. "Unconscious determinants of free decisions in the human brain", *Nature Neuroscience* 11, 2008.

Eino Partanena, Teija Kujalaa, Risto Näätänena, Auli Liitolaa, Anke Sambethf, Minna Huotilainena. "Learning-induced neural plasticity of speech processingbefore birth", *PNAS* 110(37), 2013.

Eisuke Hasegawa, Yasunori Ishii, Koichiro Tada, Kazuya Kobayashi, Jin Yoshimura. "Lazy workers are necessary for long–term sustainability in insect societies" *Scientific Reports* 6, 2016.

Mary Caswell Stoddard, Harold N. Eyster, Benedict G. Hogan, and David W. Inouye. "Wild hummingbirds discriminate nonspectral colors" PNAS 117(26), 2020.

Nicholas G. Crawford et al. "Loci associated with skin pigmentation identified in African populations" *Science* 358(6365), 2017.

Richard E Green et al. "A draft sequence of the Neandertal genome" *Science* 328(5979), 2010.

Shelly A. Buffington, Gonzalo Viana Di Prisco, Thomas A. Auchtung, Nadim J. Ajami, Joseph F. Petrosino, Mauro Costa–Mattioli. "Microbial Reconstitution Reverses Maternal Diet Induced Social and Synaptic Deficits in Offspring", *Cell* 165(7), 2016.

Ron Sender and Ron Milo. "The distribution of cellular turnover in the human body", *Nature Medicine* 27, 2021.

신문 및 방송 기사

「내 조상의 뿌리를 찾아서…'유전자 기반 조상 찾기' 열풍」 헬스경향 2019. 6. 26.
「'만 나이 통일법' 공포…내년 6월 28일 본격 시행」 연합뉴스 2022. 12. 27.
「미국 임신중단 금지의 정치학」 주간경향 2021. 11. 8.
「'안면이식' 의료논쟁 다시 도마에」 동아일보 2008. 12. 26.

「얼굴 함몰 美 여성, 안면 이식 성공」 연합뉴스 2009. 5. 6.

「영국인, 1만년 전엔 '검었다'…'체다맨'의 놀라운 비밀」 뉴스1 2018. 2. 8.

「원숭이 머리 이식 성공, 카나베로 박사 "사람 머리 통째 이식 도전"」 파이낸셜뉴스 2016. 1. 23.

「카나베로 박사, 머리 이식수술 불발… "후원자 찾지 못해 취소"」 머니S 2017. 6. 27.

이미지 출처

41면   Harbucks (shutterstock.com)

72면   Suzanne Tucker (shutterstock.com)

93면   commons.wikimedia.org

96면   Seregraff (shutterstock.com)

발견의 첫걸음 4

세포부터 나일까? 언제부터 나일까?

생명과학과 자아 탐색

초판 1쇄 발행 • 2023년 4월 7일
초판 5쇄 발행 • 2024년 4월 16일

지은이 • 이고은
펴낸이 • 염종선
책임편집 • 정소영
조판 • 박지현
펴낸곳 • (주)창비
등록 • 1986년 8월 5일 제85호
주소 • 10881 경기도 파주시 회동길 184
전화 • 031-955-3333
팩스 • 영업 031-955-3399 편집 031-955-3400
홈페이지 • www.changbi.com
전자우편 • ya@changbi.com